I0001566

PAUL CLACQUESIN

HISTOIRE

DE LA

COMMUNAUTÉ DES DISTILLATEURS

HISTOIRE DES LIQUEURS

PARIS
LIBRAIRIE LÉOPOLD CERF
12, RUE SAINTE-ANNE, 12
—
1900

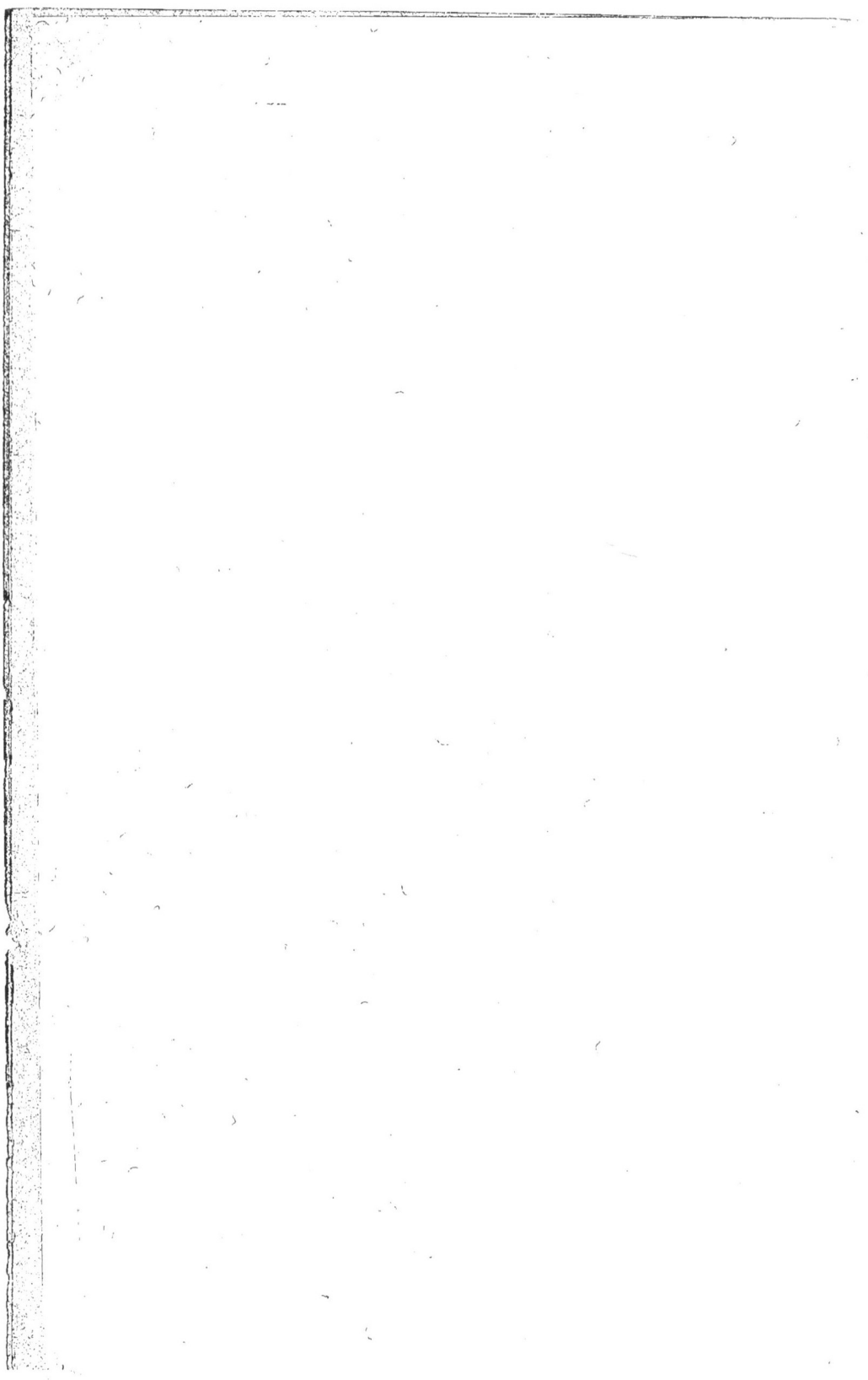

HISTOIRE

DE LA

COMMUNAUTÉ DES DISTILLATEURS

———

HISTOIRE DES LIQUEURS

LES ARMES DE LA COMMUNAUTÉ

(*Armorial général manuscrit*, Bibliothèque Nationale.)

PAUL CLACQUESIN

HISTOIRE

DE LA

COMMUNAUTÉ DES DISTILLATEURS

HISTOIRE DES LIQUEURS

NON UNIUS LIBRI

BIBLIOTHÈQUE NATIONALE
FONDS LE SENNE
N° 1556

PARIS
LIBRAIRIE LÉOPOLD CERF
12, RUE SAINTE-ANNE, 12
—
1900

I

HISTOIRE

DE LA

COMMUNAUTÉ DES DISTILLATEURS

HISTOIRE

DE LA

COMMUNAUTÉ DES DISTILLATEURS

CHAPITRE I

LES COMMUNAUTÉS

Il existait à Rome et dans l'Empire romain des corporations industrielles appelées *collegia* ou *corpora opificum* qui réunissaient les patrons et ouvriers d'une même profession. Il y en avait un grand nombre en Gaule et, si la plupart disparurent avec l'invasion des Barbares, plusieurs d'entre elles subsistèrent, principalement dans le Midi. L'une des plus célèbres fut celle des *Nautæ parisiaci* qui existait à Lutèce du temps de Tibère et qui, d'après certains historiens, se serait perpétuée jusqu'au moyen âge sous le nom des *Marchands de l'eau* qui ont donné leurs armoiries à la ville de Paris.

Les corporations romaines furent d'ailleurs transformées et fortifiées par leur fusion avec les *ghildes* ou associations d'une nature spéciale que les Germains avaient introduites avec eux dans le territoire conquis. Augustin Thierry nous donne à ce sujet des détails intéressants.

Dans l'ancienne Scandinavie, dit-il, ceux qui se réunissaient aux époques solennelles pour sacrifier ensemble, terminaient la cérémonie par un banquet religieux. Assis autour du feu et de la chaudière du sacrifice, ils buvaient à la ronde et vidaient successivement trois cornes remplies de bière, l'une pour les Dieux, l'autre pour les braves du vieux temps, la troisième pour les parents et les amis dont les tombes, marquées par des monticules de gazon, se voyaient çà et là dans la plaine ; on appelait celle-ci la coupe de l'amitié. Le nom d'amitié (*minne*) se donnait aussi quelquefois à la réunion de ceux qui offraient en commun le sacrifice et, d'ordinaire, cette réunion était appelée *ghilde*, c'est-à-dire *banquet à frais communs*, mot qui signifiait aussi association ou confrérie, parce que tous les cosacrifiants promettaient par serment de se défendre l'un l'autre et de s'entr'aider comme des frères. Cette promesse de secours et d'appui comprenait tous les périls, tous les grands accidents de la vie ; il y avait assurance mutuelle contre les voies de fait et les injures, contre l'incendie et le naufrage, et aussi contre les poursuites légales encourues pour des crimes et des délits même avérés. Chacune de ces associations était mise sous le patronage d'un Dieu ou d'un héros dont le nom servait à la désigner ; chacune avait des chefs pris dans son sein, un trésor commun alimenté par des contributions annuelles et des statuts obligatoires pour tous ses membres ; elle formait ainsi une société à part au milieu de la nation ou de la tribu. La société de la ghilde ne se bornait pas comme celle de la tribu ou du canton germanique à un territoire déterminé ; elle était sans limites d'aucun genre ; elle se propageait au loin et réunissait toute espèce de personnes, depuis le prince et le noble jusqu'au laboureur et à l'artisan libre. Cette coutume existait, non seulement dans la péninsule scandinave, mais encore dans les pays germaniques.

Partout, dans leurs migrations, les Germains la portèrent avec eux; ils la conservèrent même après leur conversion au christianisme, en substituant l'invocation des saints à celle des Dieux et des héros, et en joignant certaines œuvres pies aux intérêts positifs qui étaient l'objet de ce genre d'association.

De là naquirent les confréries du moyen âge, qui plaçaient les hommes d'un même métier sous l'invocation d'un patron et les réunissaient à certains jours de l'année dans des banquets fraternels.

Les ghildes, confréries, associations éveillèrent souvent les inquiétudes du pouvoir qui s'opposait à leur établissement ou à leur maintien. Plusieurs capitulaires de Charlemagne les interdirent formellement, comme le firent d'ailleurs plusieurs conciles. Un synode tenu à Rouen, en 1189, reproduit ces prohibitions : *Il y a des clercs et des laïques*, dit une de ses décisions, *qui forment des associations pour se secourir mutuellement dans toute espèce d'affaires et spécialement dans leur négoce, portant une peine contre ceux qui s'opposent à leurs statuts. La Sainte Ecriture a en horreur de pareilles associations ou confréries de laïques ou d'ecclésiastiques parce qu'en observant leurs statuts, on est obligé à se parjurer. En conséquence, nous défendons sous peine d'excommunication, qu'on fasse de semblables associations ou qu'on observe celles qui auraient été faites.*

Malgré les défenses des rois et des conciles, les confréries et les corporations se maintinrent; elles étaient une nécessité au moyen âge, dans ces temps où la loi ne protégeait pas les individus et où ils étaient obligés de s'unir pour défendre leurs droits. L'association des gens de même métier leur assurait protection contre la violence, secours pour les vieillards, les malades, les orphelins et les veuves des membres de la corporation. Il y avait encore un avantage incontestable dans le contrôle exercé sur les œuvres de chaque métier; on prévenait les fraudes et on exigeait un soin consciencieux dans l'exécution des travaux.

M. Chéruel, dans son *Dictionnaire des Institutions de la France*, nous retrace l'organisation des corporations; elles étaient, du moins à l'origine, régies par un conseil des principaux maîtres élus par tous les membres de l'association. Ces chefs s'appelaient syndics, jurés, prud'hommes, gardes du métier, visiteurs, etc. ; leur réunion portait le nom de syndicat ou jurande. Ils jugeaient les différends qui s'élevaient entre les membres de la corporation pour affaires concernant leur métier; ils punissaient les contraventions aux règlements de la corporation et infligeaient des amendes ou même des peines corporelles. Si une plainte était portée par un client contre un marchand et était reconnue fondée, ils devaient condamner celui-ci à payer une indemnité. Avant l'institution des tribunaux de commerce qui ne remonte qu'au règne de Charles IX, en 1564, les appels des jugements rendus par les gardes du métier étaient portés devant le maire de la commune.

C'étaient encore les syndics qui procédaient à la réception des apprentis. Avant de devenir ouvrier ou maître, il était prescrit de passer une ou plusieurs années chez un des maîtres de la corporation qui dirigeait et surveillait l'apprenti. Pour certains métiers, l'apprentissage était fort long; il ne durait pas moins de douze ans chez les cristalliers; il est vrai que, moyennant une petite somme d'argent, ce temps était un peu diminué; il l'était davantage encore, il était même quelquefois supprimé, quand il s'agissait d'un fils de maître.

On exigeait, dans la plupart des métiers, que l'aspirant à la maîtrise fît un chef-d'œuvre; on appelait ainsi une œuvre importante qui attestait la capacité de l'apprenti et qui était soumise à l'examen des prud'hommes et gardes du métier. A sa réception, l'apprenti jurait, entre les mains des prud'hommes, de bien et loyalement exercer son métier. La cérémonie se terminait par un de ces banquets qui rappelaient les anciennes ghildes et resserraient la fraternité. Souvent des cérémonies burlesques, des épreuves bizarres accompagnaient la réception du nouveau maître et répondaient à l'humeur joviale de nos ancêtres.

Les corporations avaient un trésor commun qui était alimenté par les contributions des membres, et par les amendes que percevaient pour contraventions les gardes du métier. Ce trésor servait à subvenir aux besoins des ouvriers pauvres ou malades. Il répondait aussi des dettes des membres de la corporation ; car il y avait souvent solidarité entre tous les associés. Le trésor de la corporation était ordinairement déposé dans la chapelle consacrée au patron sous l'invocation duquel elle était placée. Dans les processions et autres cérémonies publiques, la corporation marchait sous la bannière de ce patron et, le plus souvent, les maîtres avaient un costume distinctif.

Pour entrer dans une corporation, on devait acquitter un droit de maîtrise qui variait suivant les métiers ; il fallait, en outre, payer au roi une taxe dont les communautés pouvaient se racheter en payant une somme annuelle qu'on appelait hanban ; mais c'était là une faveur qui n'était concédée que moyennant finances.

Antérieurement au *Livre des Métiers* que le prévôt de Paris, Etienne Boileau, rédigea sous saint Louis et qui contient les statuts de la plupart des corporations, certains documents, malheureusement trop peu nombreux, nous montrent l'existence de plusieurs communautés : en 1121, des marchands de l'eau, en 1134, des bouchers, en 1137, des merciers, en 1183, des drapiers, etc.

Les rois favorisaient les corporations quand ils croyaient pouvoir s'appuyer sur elles pour lutter contre la noblesse, mais réprimaient sévèrement tout ce qu'ils considéraient comme un empiétement sur leur autorité. Philippe-le-Bel annonça l'intention de changer leurs règlements ; en 1308, il défendit à la corporation des drapiers de s'assembler plus d'une fois par an ; elle devait, en outre, obtenir l'autorisation du prévôt de Paris et délibérer en présence du procureur du roi. En 1358, après les troubles excités par les Etats-Généraux et les violences de la Jacquerie, le régent (depuis Charles V) annonça aussi l'intention de modifier les anciens statuts : *Il y a,* disait-il (Ordonnance du 13 septembre 1358), *dans les registres du Châtelet, des règlements qui sont plutôt faits pour le profit des personnes du métier que pour le bien commun. C'est pourquoi, depuis dix ans, on a fait plusieurs ordonnances qui y dérogent et qui contiennent, entre autres choses, que tous ceux qui peuvent faire œuvre bonne, peuvent ouvrer[1] en la ville de Paris.*

Mais cette tentative en faveur de la liberté de l'industrie et du commerce demeura sans résultat et les corporations continuèrent d'exister ; bien plus, le nombre en augmenta considérablement, car les rois avaient toujours besoin d'argent et chaque maître d'une communauté nouvellement créée devait payer au gouvernement une somme assez élevée comme prix du privilège qu'il obtenait.

Mais nous aurons à exposer en détail, pour la communauté des distillateurs, tous les moyens employés par les rois pour tirer des corporations le plus d'argent possible. Pour le moment, et pour en finir avec les généralités, nous nous contenterons de rappeler que toutes les corporations furent supprimées au mois de février 1776 par un édit dont Turgot était l'auteur ; mais les réclamations furent si vives

---

1. Travailler.

qu'un second édit du mois d'août de la même année les rétablissait en les réduisant à cinquante y compris les six corps[1]. La diminution tenait à ce que plusieurs communautés étaient réunies, par exemple : les vinaigriers et les limonadiers distillateurs ; les plombiers, les paveurs et les carreleurs ; les bourreliers, les pelletiers et les chapeliers ; etc. En outre, vingt et un métiers peu importants, autrefois constitués en corporation, étaient déclarés libres.

C'était là un compromis qui ne pouvait satisfaire personne, ni les partisans, ni les adversaires des privilèges ; il présentait, en outre, de telles difficultés d'application qu'au moment où éclata la Révolution, la réorganisation des nouvelles communautés n'était pas encore achevée.

Elle ne devait pas l'être, car, le 2 mars 1791, l'Assemblée Constituante rendit un décret dont l'article 7 était ainsi conçu : *A compter du 1er avril prochain, il sera libre à toute personne de faire tel négoce ou d'exercer telle profession, art ou métier qu'elle trouvera bon.*

Le décret des 14-17 juin suivant allait même beaucoup plus loin ; il partait de ce principe que l'anéantissement de toutes les espèces de corporations de citoyens du même état ou profession était une des bases fondamentales de la Constitution française ; en conséquence, il défendait de les rétablir de fait, sous quelque prétexte et sous quelque forme que ce fût.

Les dispositions de ce décret, contraires bien certainement à la liberté d'association, ont cependant subsisté jusqu'en 1884 ; il convient d'ajouter que, depuis un certain nombre d'années, elles n'étaient plus appliquées ; de nombreuses associations de patrons et d'ouvriers s'étaient for-

---

1. On appelait ainsi les six corporations les plus considérables qui représentaient le commerce de Paris dans les cérémonies officielles ; c'étaient les drapiers, les épiciers, les merciers, les pelletiers, les orfèvres et les bonnetiers.

mées tant à Paris que dans les départements pour la défense de ces intérêts communs que la Constituante avait supposé ne pas exister. En 1881, il y avait à Paris 138 associations de patrons avec 15.000 adhérents et 150 chambres syndicales d'ouvriers avec 60.000 adhérents ; dans les départements, on comptait 350 associations d'ouvriers. La situation de ces sociétés fut régularisée par la loi du 21 mars 1884 qui en a développé considérablement le nombre. Il serait trop long d'examiner ici quelle différence sépare les corporations des syndicats ; il nous suffira de faire remarquer que ces derniers sont des associations volontaires et qu'il n'est pas nécessaire d'en faire partie pour exercer tel ou tel métier, telle ou telle profession.

Après cet exposé général sur les corporations de l'ancien régime, nous allons faire l'histoire de celle qui nous occupe plus particulièrement, celle des distillateurs.

CHAPITRE II

VINAIGRIERS ET DISTILLATEURS

Les premiers industriels qui reçurent le privilège de la fabrication et de la vente de l'eau-de-vie furent les vinaigriers.

Le vinaigre était connu des anciens et son usage se perpétua depuis les Romains jusqu'à nos jours ; pendant longtemps chacun put en fabriquer et en vendre ; on en trouvait chez les épiciers, chez les apothicaires, chez les marchands de vin, chez les cabaretiers et chez les chandeliers-moutardiers.

Il n'est question de vinaigriers ni dans le fameux règlement d'Etienne Boileau, en 1254, ni dans celui du roi Jean, en 1350, qui contiennent cependant un dénombrement fort exact de tous les arts et métiers qui s'exerçaient à ces époques ainsi que leurs statuts.

Un peu plus tard, une industrie se créa qui se donna comme mission de composer des sauces et des ragoûts ; ceux qui l'exerçaient faisaient eux-mêmes la moutarde dont ils avaient besoin ; on les appela sauciers-moutardiers ; leur nombre ayant augmenté rapidement, le prévôt de Paris

leur donna des statuts le 28 octobre 1394. Mais les nouveaux maîtres s'aperçurent bientôt que le vinaigre ne leur
était pas moins nécessaire que la moutarde ; ils se mirent
donc à en fabriquer et à en vendre et, le 13 janvier 1417,
leurs statuts leur furent confirmés sous le titre de vinai-
griers-sauciers-moutardiers ; en 1493, ils ajoutèrent à ces
titres, celui de buffetiers.

On n'est pas tout à fait d'accord sur la signification de ce
mot ; d'après les uns, il viendrait d'un vocable de la basse
latinité *buffetagium* (buvetage, buveterie) et aurait été
appliqué aux vinaigriers parce qu'ils fabriquaient et donnaient à boire de l'eau-de-vie et de l'eau clairette ; d'après
les autres, il viendrait simplement du mot *buffet*, parce qu'ils
étaient chargés de fournir dans les grands repas *les vins de
buffet,* c'est-à-dire les plus exquis.

Nous laissons nos lecteurs adopter l'interprétation qui
leur paraîtra la plus judicieuse et la plus satisfaisante.

Enfin, au mois de septembre 1514, la corporation fut
définitivement constituée par lettres patentes du roi
Louis XII, sous le titre de sauciers-moutardiers-vinai-
griers-distillateurs en eau-de-vie et buffetiers ; elle était
considérée comme fort importante si l'on s'en rapporte à
ses statuts où l'on trouve un article ainsi conçu :

*Et d'autant que la vie des hommes dépend d'une fidélité
inviolable en la confection des sauces, moutardes et autres
denrées dépendantes dudit art, nul ne pourra s'en mêler
dorénavant qu'il ne soit expert, habile et reconnu dans une
approbation générale.*

Rappelons que, d'après les premiers statuts, ceux de
1394, nul ne pouvait s'entremettre en l'exercice dudit art
qu'il ne fût sain de corps et *net en ses habits.*

On peut constater, par les lettres patentes de Louis XII,
qu'à cette époque les vinaigriers parcouraient les rues de
Paris en criant pour demander qui voulait vendre de la lie.

La corporation ainsi constituée embrassait des objets si divers qu'elle fut obligée, au bout d'un certain nombre d'années, de se morceler.

C'est en 1537, c'est-à-dire au bout de vingt-trois ans, que plusieurs membres de la corporation formèrent une association particulière uniquement occupée de la distillation et de la vente de l'eau-de-vie et de l'esprit de vin ; ils reçurent le nom de distillateurs, mais restaient officiellement vinaigriers.

Plus tard encore, à la fin du xvie siècle, les sauciers se retirèrent complètement et formèrent, en 1599, une nouvelle corporation qui s'appela d'abord communauté des maître-queux ou cuisiniers porte-chapes. Le nom de porte-chapes venait de ce qu'ils couvraient les mets d'une boîte de fer-blanc appelée chape pour les transporter dans les divers quartiers de Paris. Cette corporation prit plus tard le titre de cuisiniers-traiteurs.

Il fallut près d'un siècle pour que les distillateurs fussent constitués à leur tour en corporation ; en effet, leurs statuts sont du 13 octobre 1634, ils furent approuvés par le lieutenant civil Michel Moreau et par le procureur du roi au Châtelet Michel Le Tellier, et homologués par lettres patentes royales en date de janvier 1637, qui érigeaient l'art de faiseur d'eau-de-vie et d'eau-forte en métier juré.

Ces statuts comprenaient quatorze articles que nous reproduisons textuellement :

Article I.

Premièrement qu'audit métier de distillateurs et vendeurs il y aura deux prudhommes qui seront élus par devant nous procureur du roy au Châtelet de cette ville de Paris, en la matière accoutumée aux autres métiers, pour être jurez et gardes dudit métier, lesquels auront puissance de

*visiter dans ladite ville, faux bourgs et banlieue de Paris,
toutes distillations d'eau-de-vie et eau-forte qui se feront
en ladite ville, faux bourgs et banlieue et qui arriveront
dans ladite ville et faux bourgs tant par eau que par terre,
même tant ès maisons des maîtres dudit métier qu'autres
lieux de cette ville, faux bourgs et banlieue où ils seront
avertis qu'il y aura autres qui voudront entreprendre sur
ledit métier et les contrevenants à ces statuts et abus qui s'y
pourraient commettre, faits par lesdits jurez tous exploits
que peuvent faire tous autres jurez d'autre métier de cette
ville en cas semblable.*

Article II.

Item. *Quiconque voudra être maître dudit métier sera
tenu payer neuf livres tournois savoir trois livres tournois
pour le droit du roy, autres trois livres pour servir aux
affaires qui pourraient arriver au corps dudit métier et
semblable somme de trois livres aux jurez dudit métier et
faire le serment par devant ledit sieur procureur du roy
par devant lequel les jurez feront leur rapport des contraventions qui se commettront par les maîtres ainsi que font
les jurez des autres métiers.*

Article III.

Item. *Nul compagnon dudit métier ne pourra parvenir à
la maîtrise qu'il n'ait servi comme apprentif un desdits
maîtres dudit métier, le temps et espace de quatre ans entiers et qu'il ne fasse apparoir son brevet d'apprentissage.*

Article IV.

Item. *Qu'aucun compagnon aspirant à la maîtrise ne
pourra être maître qu'en faisant chef-d'œuvre en la présence
des jurez et qu'il n'ait par eux été certifié capable et prêté
le serment devant ledit sieur procureur du roy.*

Article V.

Item. *Nul maître dudit métier, tenant boutique en cette ville, faux bourgs et banlieue d'icelle, ne pourra tenir plus d'un apprentif lequel sera obligé à lui pour le temps et espace de quatre années sous peine de trois livres parisis d'amende, applicables moitié au roy et l'autre moitié aux jurez.*

Article VI.

Item. *Les dits maîtres ne pourront prendre autres apprentifs que celui qui est obligé à lui pour le temps de quatre ans, moins la dernière année des dits quatre ans dudit apprentissage, qui lui sera loisible d'en prendre un autre, et non plutôt, sous peine de vingt-quatre livres parisis d'amende applicables comme dessus.*

Article VII.

Item. *Si l'un des dits apprentifs obligé pour le temps de quatre ans d'apprentissage, s'enfuit et s'absente hors du logis et service de son maître, celui qui aura obligé le dit apprentif sera tenu de représenter le dit apprentif et le rendre au service de son maître ou bien justifier comme il aura fait recherche d'iceluy dans la dite ville, faux bourgs et banlieue; cela fait et au défaut de ne pouvoir représenter ledit apprentif, sera loisible audit maître de prendre un autre apprentif et iceluy faire obliger pour ledit temps de quatre ans.*

Article VIII.

Item. *Que nul maître du métier de distillateurs et de vendeurs ne pourra tenir ou avoir en sa maison aucun compagnon dudit métier qui soit alloué et obligé à un autre maître, pendant et durant le temps de son obligé, ains sera tenu de le rendre au maître auquel il sera tenu et obligé pour achever son dit temps et ne sera permis à aucun maître de recevoir en son service aucun compagnon, sans le consentement*

*du maître d'où il sortira, sous peine de pareille amende et
de vingt-quatre livres parisis applicables comme dessus.*

Article IX.

Item. *Que les fils de maîtres de chefs-d'œuvre qui auront
servy audit métier sous leur père ou autres maîtres, pourront
parvenir à la maîtrise ou gagner la franchise, sans être
tenus de montrer aucunes lettres d'apprentissage, sans faire
aucun chef-d'œuvre, ayant atteint l'âge de dix-huit à vingt
ans, en payant toutefois les droits du roy et jurez, tels que
dessus est dit.*

*Et au cas que les dits maîtres aient des filles, icelles affran-
chiront un compagnon apprentif dudit métier en cette ville,
qu'ils épouseront, en payant les droits du roy et des jurez
comme dessus.*

Article X.

Item. *Que les maîtres dudit métier seront tenus de travailler de bonne lie et baissière de vin, et en toutes les opérations qui se peuvent tirer dudit vin, dites lies et baissières
de vin, comme pressoirs et bacules provenant des dites lies
et baissières de vin et faire gravelée, le tout conformément
aux arrêts de la Cour du Parlement, et pour empêcher les
abus et malversations qui se pourraient commettre au dit
métier, seront faites défenses d'en faire de pied de bac, bière
et lie de cidre, à tous distillateurs et vendeurs, de les composer de plusieurs drogues qui seront nommées ci-après :
sçavoir, poivre long, poivre rond, graine de genièvre, gingembre et autres drogues non convenables au corps humain,
sous peine de confiscation des dites marchandises et de vingt-
quatre livres parisis d'amende applicables moitié au roy et
l'autre moitié aux jurez.*

Article XI.

Item. *Que tous les maîtres auront visitation sur toutes
sortes de marchandises dudit métier qui se pourront amener
en cette ville de Paris, tant par eau que par terre, par mar-*

chands forains et autres, lesquels ne les pourront vendre ni exposer en vente qu'au préalable, ladite visitation ait été faite par lesdits jurez, lesquels dits marchands forains et autres seront tenus d'avertir, sous peine de confiscation des dites marchandises et de vingt-quatre livres parisis d'amende applicables comme dessus.

Article XII.

Item. *Pour obvier aux abus et monopoles qui se pourraient commettre à l'achat desdites marchandises qui pourraient être amenées dans cette ville et faux bourgs de Paris par marchands forains et autres, ne pourront lesdits maîtres acheter desdits marchands forains et autres les marchandises d'iceux, qu'auparavant ils ne l'ayent exposée en vente au lieu qui sera par eux nommé, sur peine de confiscation des marchandises et de vingt-quatre livres parisis d'amende, applicables comme dessus.*

Article XIII.

S'il advient qu'aucun maître dudit métier allât de vie à trépas, délaissant sa veuve, icelle veuve pourra tenir ouvriers et faire travailler en sa maison ouvriers et compagnons qui auront fait apprentissage chez un maître dudit métier, pendant le temps de sa viduité seulement, sans qu'il lui soit loisible d'avoir aucun apprentif sur peine de pareille amende et de vingt-quatre livres parisis, applicables comme dessus.

Article XIV.

Item. *Qu'il ne sera loisible à aucunes personnes de cette ville, faux bourgs et banlieue de travailler ou faire travailler dudit métier, sur peine de confiscation de ladite marchandise et ustanciles servant audit travail et de vingt-quatre livres parisis d'amende applicables comme dessus.*

Quelques dispositions de ces statuts méritent d'être retenues ; nous laissons de côté le style barbare dans lequel

ils sont rédigés et les dispositions d'ordre général dont
nous avons déjà parlé, mais nous tenons à faire remarquer
particulièrement l'article X qui, en retour du privilège à
eux accordé, astreint les maîtres à ne livrer au public que
de bons produits; c'était là certainement un des plus grands
avantages du système des corporations. L'honnêteté du
commerce se trouvait ainsi beaucoup plus assurée qu'elle
ne l'est aujourd'hui; la surveillance des syndics n'était pas
illusoire, car, d'une part, ils tenaient à maintenir la bonne
réputation de la communauté qui les avait mis à sa tête et,
d'autre part, ils étaient payés des visites de vérification
qu'ils faisaient et recevaient une partie des amendes qu'ils
infligeaient aux contrevenants ; leur intérêt et leur devoir
étaient donc complètement d'accord.

Nous ne saurions non plus trop approuver les articles
qui empêchent les maîtres de s'enlever des compagnons ou
des apprentis, ce qui est souvent un moyen de concurrence
déloyale ; on maintenait ainsi entre eux des sentiments de
bonne confraternité.

Il est aussi curieux de constater que, dès cette époque, il
y avait une tendance à limiter d'une façon étroite le nombre
des apprentis; on sait qu'elle inspire encore aujourd'hui la
plupart des associations ouvrières ; redoutant l'avilisse-
ment des salaires, elles cherchent à diminuer le nombre
des artisans. On a eu bien raison de le dire : le monde
est un perpétuel recommencement.

Enfin, il faut signaler le profit que le roi retirait du fonc-
tionnement de la communauté, soit par les droits que
payaient les nouveaux maîtres, soit par les amendes libéra-
lement prévues qui ne pouvaient manquer d'être fréquentes;
nous verrons que ce profit paraissait bien mince aux finan-
ciers du temps et qu'ils s'efforcèrent de le grossir sans être
arrêtés ni par la justice ni par l'équité.

Nous avons dit que les statuts des distillateurs avaient

été approuvés par des lettres patentes du mois de janvier
1673 ; ils ne furent cependant enregistrés au Parlement que
le 18 janvier 1674. Ce long retard tenait à deux causes ; la
première était l'opposition de la Cour des Monnaies qui
avait la prétention de retenir dans sa juridiction les distillateurs, sous le prétexte qu'ils fabriquaient de l'eau-forte ;
en conséquence, tenant pour nuls les statuts déjà approuvés,
elle leur en donna d'autres, le 5 avril 1639 ; ils contenaient
vingt-cinq articles qu'il est inutile de reproduire ici, puisqu'ils ne furent jamais appliqués, les prétentions de la
Cour des Monnaies ayant fini par être définitivement
repoussées par un arrêt du Parlement en date du 5 août
1681, rendu sur la requête du procureur général du Châtelet
et qui consacrait la compétence de ce magistrat en première instance pour statuer sur les difficultés intéressant la
communauté des distillateurs.

La seconde cause de retard se trouvait être dans les
réclamations des vinaigriers, des apothicaires, des épiciers
et même, chose assez bizarre, des merciers-grossiers-
jouailliers ; ces quatre corporations qui avaient le droit de
fabriquer et de vendre de l'eau-de-vie, protestaient contre
le monopole accordé à la nouvelle communauté.

Le Parlement tint compte, au moins en partie, de ces
réclamations et, lorsqu'il consentit enfin, en 1674, à enregistrer les statuts des distillateurs, il stipula que « *les dits
distillateurs ne feraient aucune visite chez les apothicaires
et vinaigriers, lesquels apothicaires et vinaigriers pourraient
faire, distiller, acheter et débiter des eaux-de-vie ainsi qu'ils
avaient accoutumé comme aussi que les dits impétrants* —les
distillateurs —*ne pourraient faire aucune visite sur les marchandises d'eau-de-vie qui seraient amenées en cette ville par
les marchands forains, tant par eau que par terre* ».

Conformément à cette décision, une sentence de police du
Châtelet du 14 août suivant, confirmée par un arrêt du

Parlement en date du 28 février 1675, fit défense à toutes personnes de s'immiscer ni entreprendre directement ou indirectement sur le métier des distillateurs et vendeurs d'eau-de-vie et eau-forte, vendre, ni débiter lesdites eaux en boutiques à peine de confiscation et de cent livres d'amende.

Mais elle maintenait les vinaigriers, épiciers et apothicaires en la faculté de vendre et débiter tant en gros qu'en détail de l'eau-de-vie avec le droit de visite sur l'eau-de-vie qui serait amenée de dehors en la ville de Paris ; elle maintenait également les merciers-grossiers-jouailliers dans le droit de faire venir de l'eau-de-vie et la débiter en gros.

CHAPITRE III

LES LIMONADIERS

Mais, pendant ce temps, des événements s'étaient produits qui allaient modifier complètement la situation des distillateurs. Le goût des liqueurs *à la mode d'Italie* s'était répandu en France, et Audiger, célèbre chef d'office dont nous aurons plus d'une fois à parler, crut qu'il pourrait faire fortune en exploitant ce goût nouveau.

M. Alfred Franklin, dans son livre, *La Vie de Paris sous Louis XIV,* nous raconte avec son esprit habituel la façon dont Audiger sut se mettre bien en cour ; nos lecteurs nous reprocheraient de rien changer au récit qui suit :

De tout temps, les petits pois avaient été en grande estime à Paris. Déjà, au treizième siècle, on criait dans les rues des « pois en cosse » et des « pois chaus pilez » et Bruyerin Champier, qui écrivait au seizième siècle, cite les pois au lard « pisa ex lardo » comme un mets digne des rois. Le gazetier Loret, racontant en 1655 un festin offert à Louis XIV par le duc de Danville, mentionne particulièrement les petits pois qui y furent servis.

Il est vrai que l'on était alors au milieu de mai.

> *M. le noble duc Damville*
> *A faire des festins habile,*
> *Et qui tient un illustre rang*
> *Entre ceux dont le cœur est franc,*
> *Traita notre sire dimanche,*
> *Sur une belle nappe blanche,*
> *D'un grand nombre de mets divers,*
> *Et surtout de fort bons pois verts.*
> *Accommodez par excellence.*

Au commencement de janvier 1660, Audiger qui revenait de Rome, aperçut dans les champs aux environs de Gênes « d'incomparables pois en cosse ». Il en fit cueillir, les emballa avec des herbes et des boutons de roses, et joignit la précieuse caisse à ses bagages. Son contenu était-il bien frais en arrivant à Paris quinze jours après ? C'est douteux. Et, pourtant, la vue de ces pois excita une telle admiration qu'Audiger obtint aussitôt l'entrée du Louvre et eut l'honneur de présenter au roi ce merveilleux régal. Bontemps, premier valet de chambre, l'avait introduit. Audiger trouva Louis XIV, alors âgé de vingt-deux ans, entouré par la fleur des courtisans, son frère Philippe, le comte de Soissons, le duc de Créqui, le maréchal de Gramont, le comte de Noailles, le marquis de Vardes, etc., etc. Tous, d'une commune voix, s'écrièrent que rien n'était plus beau et plus nouveau et que jamais en France on n'avait rien vu de pareil pour la saison. Le comte de Soissons prit une poignée de pois qu'il écossa sous les yeux de Sa Majesté et qui, écrit Audiger, se trouvèrent aussi frais que si on fût venu de les cueillir. Louis XIV voulut qu'ils fussent accommodés et, comme l'égoïsme n'avait pas encore envahi son cœur, il ordonna qu'on en fît trois plats, un pour la reine sa mère, un pour le cardinal Mazarin et un pour lui-même qu'il partagerait avec son frère. Ce jeune souverain entendait aussi qu'un présent fût offert à Audiger, mais celui-ci refusa. Il caressait de plus hautes ambitions.

Par l'intermédiaire de Bontemps, il eut une seconde audience du roi, à qui il demanda de vouloir bien lui accorder un privilège pour la vente de toutes sortes de liqueurs à la mode d'Italie. *Grave affaire ! comme on va le voir. Louis XIV, avant d'engager sa parole, tint à consulter le secrétaire d'état Le Tellier. Justement, Audiger, en partant, le rencontre sur l'escalier du palais, tous deux remontent chez le roi, et Le Tellier se charge d'expédier le brevet désiré. Il eut le tort de ne point se presser et, au début de l'année 1661, rien n'était fait encore. Mazarin meurt le 9 mars, la Cour se transporte à Compiègne, puis à Fontainebleau, où la reine accouche du Dauphin (1ᵉʳ novembre). Audiger peut enfin revoir Le Tellier, qui lui montre son brevet et se fait fort d'obtenir l'assentiment du Conseil. Il l'obtient, en effet, et le greffier du Conseil, M. Herval, remet à Audiger la précieuse pièce. Il n'y manquait plus que le sceau.*

Le chancelier Séguier reçut très bien notre solliciteur, mais il lui opposa des difficultés qui équivalaient à un refus. D'où provenait cette hostilité ? De ce que le comte de Guiche faisait mauvais ménage avec sa femme. Il convient d'ajouter que le comte de Guiche, dont la femme était petite-fille de Séguier, avait eu la malencontreuse idée d'appuyer la requête d'Audiger. Celui-ci alla se plaindre au roi. Sa Majesté répondit qu'elle en était fâchée, mais qu'elle n'y pouvait que faire, et qu'il demandât autre chose, qu'elle l'accorderait.

Audiger n'insista pas; il entra au service de la comtesse de Soissons, l'une des nièces de Mazarin, comme faiseur de liqueurs, puis, après avoir fait une campagne comme lieutenant au régiment de Lorraine, il reprit l'exercice de son art ; il servit successivement dans plusieurs grandes maisons, puis enfin il ouvrit une boutique au Palais-Royal.

Il avait toujours en poche son fameux brevet auquel il ne manquait que le sceau ; il se décida à faire une nouvelle tentative pour en tirer parti. Il le confia à M. de Riantz, procureur du roi au Châtelet, qui lui promit d'en parler au chancelier d'Aligre.

Mais le moment était mal choisi ; la royauté était réduite aux expédients et faisait argent de tout ; l'édit du 21 mars 1673, confirmé le 24 février 1674, érigeait en communauté tous les métiers restés libres et leur ordonnait de procéder à la rédaction de leurs statuts. Le roi promettait de les sanctionner moyennant le paiement d'une taxe fixée d'avance.

Parmi les nouvelles communautés se trouvait celle des limonadiers marchands d'eau-de-vie qui devait compter deux cent cinquante maîtres ; chacun d'eux était astreint à verser trois cents livres dans le trésor royal.

Les limonadiers ne furent pas sensibles à l'honneur qu'on leur faisait et continuèrent à exercer leur commerce sans prendre aucune lettre de maîtrise et sans faire aucun versement dans les caisses de l'Etat. Mais Colbert n'était pas homme à se laisser détourner de ses desseins ; il fit nommer à la nouvelle corporation un syndic et quatre jurés qui durent s'occuper immédiatement de rédiger des statuts ; puis, le 14 décembre 1675, il fit rendre un arrêt portant que l'on procéderait à la saisie chez les limonadiers qui n'auraient pas donné un à-compte de cent cinquante livres dès le lendemain. Il fallut bien s'exécuter et, le 28 janvier, un arrêt du Conseil approuvait les statuts de la nouvelle communauté.

Après avoir rappelé la prétendue demande des limona-

diers et rapporté l'avis des autorités compétentes qui
avaient été consultées, l'arrêt s'exprimait ainsi :

*A ces causes... Nous avons érigé et érigeons ladite pro-
fession de limonadiers marchands d'eau-de-vie en titre de
maîtrise jurée, pour faire à l'avenir un corps de métier
en notre ville et fauxbourgs de Paris ainsi que les autres
communautés qui sont établies.*

*Voulons que tous ceux dudit métier, au nombre de deux
cent cinquante, qui ont payé les sommes auxquelles ils ont
été modérément taxés en notre Conseil et qui ont prêté le serment en qualité de maîtres limonadiers, marchands d'eau-
de-vie, par devant l'un de nos procureurs au Châtelet et ceux
qui seront reçus à l'avenir puissent se dire limonadiers,
marchands d'eau-de-vie, continuer leur art et profession
avec tous les droits, fonctions et privilèges mentionnés ès-
articles et statuts cy-attachés sous le contre-scel de notre
chancellerie, etc.*

Contre-signé : COLBERT.

Voici maintenant le texte des statuts ainsi approuvés :

Article I.

« *Les maîtres limonadiers marchands d'eau-de-vie auront
la faculté d'acheter, faire et vendre de l'eau-de-vie en
gros, en détail ; et même d'en faire venir des provinces et
des pays étrangers et d'en envoyer ainsi que bon leur semblera, avec prohibitions à toutes personnes sans qualité et
qui ne sont point maîtres d'une communauté qui soit en
droit de vendre de l'eau-de-vie, de faire ladite profession,
d'en tenir magasin en boutique couverte, ny d'en vendre
dans leur maison sans préjudice de ceux qui ont accoutumé
de vendre de l'eau-de-vie en détail par les rues, d'en exposer
et vendre sur des escabelles ou tables, de continuer leur petit
commerce ainsi qu'ils ont fait par le passé, sans pouvoir
néanmoins se dire maîtres, ni jouir des droits à eux accordés.*

Article II.

Leur sera aussi permis de vendre toutes sortes de vins d'Espagne, vins muscats, vins de Saint-Laurent et de la Ciontat, de la Malvoisie et de tous les vins compris sous le nom et la qualité de vins de liqueur, ensemble de composer et vendre toutes sortes de rossoly, populo, esprit de vin et autres liqueurs et essences de même qualité.

Article III.

Auront, à l'exception de tous autres marchands et artisans, la faculté de composer et de vendre toutes limonades ambrées, parfumées et autres eaues de gelées et glace de fruits et de fleurs, même les eaues d'anis et de cannelle et frangipane, de l'aigre de cèdre, du sorbec et du caffé en grains, en poudre et en boisson.

Article IV.

Pourront aussi vendre des cerises, framboises, autres fruits confits dans l'eau-de-vie avec des noix confites et dragées au détail.

Article V.

En vertu de leurs lettres de réception et de marchands d'eau-de-vie, ils pourront débiter, sans prendre aucunes lettres de regrat [1]; les mêmes choses qu'ils vendaient auparavant jusqu'à présent, en vertu desdites lettres.

Article VI.

La communauté aura quatre jurez qui seront élus par les suffrages de tous les maîtres à la pluralité des voix en présence de l'un de nos procureurs au Châtelet, le [2]

(1) Lettres autorisant un marchand à vendre au détail.
(2) La date était restée en blanc; elle n'était pas fixe et variait des derniers jours d'août aux premiers jours de septembre.

*de chaque année et sera, par chaque année, élu deux jurez
et les deux jurez nouvellement élus auront soin du service et
de tout ce qui concerne la confrairie.*

Article VII.

*Les jurez auront soin de toutes les affaires de la commu-
nauté avec droit de visite chez tous les maîtres lesquels ne
seront sujets à la visite d'aucuns autres gardes ou jurez
d'aucune autre communauté.*

Article VIII.

*Les jurez seront tenus de faire leur visite ckez tous les
maîtres, au moins deux fois l'année, et sera payé par chacun
maître dix sols aux jurez pour chacune visite qui est à
raison de vingt sols par an ; paieront aussi tous les maîtres
pareille somme de vingt sols par chacun an pour leur droit
de confrairie.*

Article IX.

*Aucun aspirant ne pourra être reçu à la maîtrise qu'il
n'ait fait apprentissage pendant trois ans chez un des maîtres
de la communauté et seront les apprentis obligés par brevets
en bonne forme passez par devant notaires et registrez
sur le livre de la communauté en la Chambre de l'un de
nos procureurs au Châtelet.*

Article X.

*Tous les maîtres ne pourront avoir en même temps qu'un
seul apprentif ; pourront néanmoins avoir plusieurs compagnons pour lesquels ils seront tenus de choisir ceux qui
auraient fait leur temps d'apprentissage, à l'exclusion des
étrangers et ne pourront les maîtres débaucher les compagnons engagés chez les autres maîtres, ny leur donner à
travailler ou les recevoir à leur service, sans en avoir*

auparavant demandé la permission au maître chez lequel
ledit compagnon était engagé.

Article XI.

La communauté sera composée de deux cent cinquante
maîtres et, après que le nombre aura été une fois remply,
aucun ne pourra être reçu qu'il n'ait fait apprentissage et
chef-d'œuvre. Et sera la communauté exempte de toutes les
lettres de maîtrise qui sont par nous accordées, desquelles
lettres nous déchargeons ladite communauté, dérogeant à
cet effet à tous édits et lettres à ce contraires, et ce, en con-
sidération des sommes qu'ils ont présentement financées en
nos coffres pour l'établissement dudit métier.

Article XII.

Les aspirants, lorsqu'ils seront reçus, payeront une
somme de douze livres à la Boëte, pour subvenir aux affaires
de la communauté; outre quarante sols à chacun des jurez
pour tous droits de donner, voir faire et recevoir lesdits
chefs-d'œuvre et pour assister à la prestation de serment avec
défenses à eux d'exiger aucuns festins, ni même d'en
recevoir volontairement à peine de concussion.

Article XIII.

Les fils de maîtres et ceux qui auront épousé les filles de
maîtres seront reçus sans faire de chef-d'œuvre, même les
fils de maîtres sans avoir fait apprentissage; feront une
légère expérience et payeront demi-droits aux jurez.

Ces statuts sont mieux rédigés que ceux des distillateurs;
on constate que la langue, en quarante années, a fait de
sensibles progrès, quant au fond même du règlement, il n'y
a que de légères différences; celle, par exemple, qui fixe à
trois ans au lieu de quatre ans la durée de l'apprentissage;

celle aussi qui exempte la communauté de toutes les lettres de maîtrise accordées par le roi; nous verrons plus loin comment cet engagement fut tenu.

Notons également cette disposition qui interdit aux jurés d'exiger et même d'accepter aucuns festins; il y avait eu, paraît-il, des abus criants dans certaines corporations où le banquet imposé au nouveau maître constituait pour lui une charge très onéreuse.

Il faut, d'un autre côté, regretter cette disposition que nous avons louée dans les statuts des distillateurs et qui avait pour but d'assurer la bonne qualité des marchandises et l'honnêteté du commerce.

Aussi Audiger, bien qu'il eût reçu, sans rien verser, une lettre de maîtrise, était-il indigné de voir qu'on acceptait tous ceux qui offraient de payer, sans réclamer d'eux aucune condition d'honorabilité, aucune preuve de capacité professionnelle. *On a fait, dit-il, une maîtrise de deux cents* (1) *ignorants ramassés et de la lie du peuple, à cinquante écus* (2) *chacun pour être reçus. Si j'en avais été averti, j'en aurais fait la plus jolie des maîtrises de Paris, qui aurait été aimée et considérée de tous les honnêtes gens, en y joignant le métier de confiseur plutôt que de vendeur d'eau-de-vie, qui aurait eu pour titre* marchands de liqueurs et de confitures, *ce qui n'aurait attiré chez eux que de fort honnêtes personnes, au lieu que, sur le pied des vendeurs d'eau-de-vie, il n'y va que de la canaille. D'ailleurs cent maîtres établis comme je viens de dire auraient donné cent mil francs au roi pour Paris seulement, sans compter ce qu'auraient pu produire les autres villes du royaume.*

Il y avait sans doute une part de vrai dans ces observations, mais il devait s'y trouver certainement aussi quelque exagération, bien excusable en raison de la décon-

---

(1) Audiger se trompe, nous avons dit que le chiffre exact est 250.
(2) Autre erreur; il fallait payer 100 écus.

venue que venait de subir Audiger. Il avait espéré avoir un privilège unique, on le lui avait même promis formellement et on ne lui accordait plus qu'un deux-cent-cinquantième de privilège. La chute était pénible.

Mais, si ce titre de marchands d'eau-de-vie n'avait pas pour conséquence de composer exclusivement « de la canaille » la clientèle des limonadiers, il était bien fait pour leur susciter de nombreux procès avec les distillateurs. Certes, ceux-ci avaient le droit de se plaindre ; au bout de trente-sept ans de luttes incessantes, ils avaient fini par triompher des obstacles qu'on leur avait suscités ; ils avaient fait enfin enregistrer leurs statuts au Parlement, et voilà qu'au bout de deux ans, on leur opposait des concurrents bien autrement dangereux que les vinaigriers, apothicaires, épiciers, et merciers.

De leur côté, les limonadiers pouvaient s'attendre à des difficultés incessantes, à des procès continuels et interminables ; déjà les procureurs et les huissiers du Châtelet se frottaient les mains, s'attendant à de sérieux bénéfices, quand les deux communautés comprirent que le meilleur parti à prendre était de confondre leurs intérêts respectifs au lieu de les opposer les uns aux autres ; elles demandèrent en conséquence à être réunies en une seule et leur requête, ne rencontrant pas de difficulté, fut accueillie par un arrêt du Conseil en date du 15 mai 1676 dont voici la partie essentielle :

Sur la requête présentée au roy en son Conseil par Thomas Laiguillon de la Ferté, syndic de la communauté des maîtres distillateurs d'eau-de-vie et autres causes, en la ville, fauxbourgs et banlieue de Paris, Augustin Champaignette, de Lisle, et Nicolas Charlier, jurez gardes de ladite communauté, fondés du pouvoir de toute la communauté par délibération et Nicolas Le Marchant, Thomas le

Forestier, Pierre Paul et Urbain Goubot, jure₂ et gardes
de la communauté des marchands d'eau-de-vie et de toutes
sortes de liqueurs et limonades, contenant qu'en conséquence
et exécution de l'édit du mois de mai 1673, des arrêts du
Conseil des 9 avril et 10 mai 1675 et autres, les maîtres
limonadiers ont été érigés en maîtrises, jurandes et communauté sous le titre de limonadiers et marchands d'eau-de-vie,
pour jouir des privilèges contenus dans leurs statuts obtenus
de Sa Majesté, lesquels étant connexes et semblables en
quelque manière à ceux des maîtres distillateurs et vendeurs
d'eau-de-vie, causerait beaucoup de différends entre eux et leur
apporterait un désavantage notable et ruine entière, étant la
fonction des uns et des autres tellement confuse et mêlée
ensemble qu'il est presque impossible de diviser. Pour à quoi
obvier, ils auraient consenti que l'union fût faite, sous le bon
plaisir de Sa Majesté, des deux communautés pour jouir
pleinement, conjointement et paisiblement des droits et privilèges attribue₂ par les statuts de l'une et l'autre communautés, arrêts, sentences et ordonnances rendues pour la
validité et conservation d'icelles, et être unis et incorpore₂
dans un seul corps de communauté, sous le titre de maîtres
distillateurs d'eau-de-vie et de toutes autres eaux et marchands
d'eau-de-vie et de toutes sortes de liqueurs en la ville,
fauxbourgs et banlieue de Paris ;

Requérant à ces causes qu'il plût à Sa Majesté sur ce leur
pouvoir ;

Vu ladite requête et ouy le rapport du sieur Colbert,
conseiller au Conseil Royal, controlleur général des
finances ;

Le roy en son Conseil, ayant égard à ladite requête, a
ordonné et ordonne que les maîtres distillateurs et les maîtres
limonadiers, marchands d'eau-de-vie, demeureront à l'avenir
unis et incorpore₂ en un seul et même corps de communauté,
sans nulle division sous le titre de maîtres distillateurs d'eau-

de-vie et de toutes sortes de liqueurs en la ville, fauxbourgs et banlieue de Paris et seront régis dès à présent suivant les statuts, arrêts, sentences et ordonnances des deux communautés qui ne feront qu'un seul et même corps de communauté indivisible qui jouira pleinement, paisiblement et conjointement des droits et privilèges attribuez et spécifiez par leurs statuts et seront avec les lettres patentes, incessamment enregistrez partout où il appartiendra.

Cependant et, en attendant, fait Sa Majesté défense à toutes personnes de contrevenir aux dits édits, arrêts, sentences et statuts, de troubler ni inquiéter lesdits maîtres distillateurs en l'exécution d'iceux, ny s'immiscer en la distillation, composition et vente des dites eaux, à peine de confiscation des choses dont il se trouveront saisis, ustenciles et instruments, plus trois cents livres d'amende applicables un tiers à l'Hospice Général, un tiers à celui des Enfants trouvez et l'autre tiers au profit de la communauté desdits maîtres et marchands.

Ordonne Sa Majesté que chacun de ceux qui seront reçus maîtres audit art et maîtrise jusqu'au nombre de deux cent cinquante en exécution du présent arrêt, sera tenu de payer au roy la somme de cent vingt livres, compris les deux sols pour livre, au paiement de laquelle ils seront contraints comme pour les affaires de Sa Majesté, même les distillateurs d'eau-de-vie et autres eaux qui se disaient être reçus maîtres jusqu'à présent, payeront aussi incessamment chacune pareille somme de cent vingt livres.

Faute de ce paiement, ils ne pourront exercer leur industrie.

Fait Sa Majesté défense aux vinaigriers, chandeliers, fruitiers, grénetiers, verriers et fayanciers et tous autres de se mêler directement ou indirectement dudit métier, ny vendre aucune eau-de-vie ou de liqueurs à peine de trois cents livres d'amende.

Cet arrêt fut adressé pour exécution au lieutenant général de police le 15 mai 1676; il fut publié et affiché par les jurés crieurs le 2 juin suivant.

Le roi s'était montré bienveillant, mais comme toujours, moyennant finance; les distillateurs qui croyaient posséder définitivement la maîtrise, les limonadiers qui venaient de l'acquérir à beaux deniers comptants, étaient obligés de verser chacun, de nouveau, une somme de cent vingt livres.

On peut supposer que les distillateurs étaient au nombre de trois ou quatre cents; si l'on y ajoute les deux cent cinquante limonadiers, on arrive à un total de cinq cent cinquante à six cent cinquante contribuables, d'où, pour le Trésor, une recette supplémentaire de 66 à 77,000 livres.

Mais enfin la nouvelle communauté semblait solidement constituée, avec toutes les chances probables de prospérité; elle dura, en effet, jusqu'en 1791.

Nous allons maintenant raconter les péripéties par lesquelles elle passa pendant cette période d'un peu plus d'un siècle.

CHAPITRE IV

LES DISTILLATEURS-LIMONADIERS

On comprend que les vinaigriers et les membres des autres communautés autorisées jusque-là à fabriquer et à vendre de l'eau-de-vie, furent médiocrement satisfaits du privilège exclusif qui venait d'être accordé aux distillateurs-limonadiers ; ils pensèrent que le parti le plus sage était de paraître l'ignorer et ils continuèrent à exercer leur industrie.

Cependant ce ne fut pas contre eux que les nouveaux privilégiés tournèrent en premier lieu leurs efforts ; ils voulaient sans doute essayer leurs forces et s'attaquèrent aux pauvres diables qui débitaient de l'eau-de-vie dans les rues. Sur leurs plaintes, le Parlement rendit le 20 janvier 1678 un arrêt qui *maintenait les pauvres vendeurs d'eau-de-vie en la possession et jouissance d'exposer et vendre en détail, à petites mesures dans les rues, sur des tables et escabelles, de l'eau-de-vie, noix confites et cerises confites dans l'eau-de-vie, et, à cet effet, de poser sur lesdites tables des fontaines, tasses et flacons d'étain, leur permet d'avoir des auvents portatifs en toile cirée pour mettre leurs étalages à l'abri de l'injure du temps, sans néanmoins qu'ils puissent soutenir boutique, placer leurs étalages au devant des boutiques desdits limonadiers, ni vendre autres liqueurs à peine de 100 livres d'amende, dépens et dommages-intérêts, fait défense à ceux qui ont un métier d'exposer en vente et débiter de l'eau-de-vie, noix, cerises confites et autres liqueurs sur pareille peine.*

Un autre arrêt du 1ᵉʳ juillet de la même année confirme le premier en spécifiant *qu'il est permis aux vendeurs d'eau-de-vie au détail et à petites mesures d'avoir sur leur petite table chacun un flacon et une fontaine, tenant chacune quatre pintes d'eau-de-vie et vendre noix confites et cerises confites dans l'eau-de-vie, sans néanmoins qu'ils puissent y mêler sucre et autres liqueurs, ni en vendre et sans que ceux qui ont quelque art, métier ou emploi, puissent vendre de l'eau-de-vie ni en faire vendre par leurs femmes, enfants, domestiques ou autres personnes pour eux.*

Un arrêt du 1ᵉʳ août 1680 est conforme aux deux premiers ; puis vient encore un autre du 15 mai 1682 qui refuse aux distillateurs de prendre aucun droit de visite sur les pauvres marchands d'eau-de-vie et décide que ceux-ci ne seront pas obligés d'éloigner leurs étalages à plus de 10 toises des boutiques des limonadiers.

On voit par ces arrêts que ces vendeurs d'eau-de-vie étaient de pauvres gens sans métier ni profession qui tâchaient de se procurer des moyens d'existence en exerçant ce petit commerce ; ils étaient cependant assez nombreux et causaient un préjudice aux distillateurs-limonadiers qui cherchaient à leur susciter toutes les difficultés et poursuivaient leurs moindres contraventions.

Nous relevons entre autres, parce qu'elle contient quelques détails curieux, une sentence de police rendue le 14 juin 1678 au profit des limonadiers contre la veuve Goubot, placière et colporteuse, vendant de l'eau-de-vie à

MARCHANDE D'EAU-DE-VIE AMBULANTE

(Cris de Paris, par BOUCHARDON.)

petites mesures, rue Saint-Honoré. Visant l'arrêt du 20 janvier 1678 précité, *elle fait défense à cette femme ainsi qu'aux autres marchands de vendre ni débiter aucune eau-de-vie dans laquelle il y ait sucre ni liqueurs, fixe les dimensions des tables à deux pieds de long sur un pied de large, défenses aussi de s'arrêter crier ni débiter eau-de-vie devant et proche les boutiques des maîtres distillateurs à peine de confiscation des denrées et étalages et de cent livres d'amende ; donne aux distillateurs la faculté de visiter les eaux-de-vie, mais sans exiger aucun droit.*

Cette même sentence nous apprend aussi que ces petits étalagistes vendaient également du cidre et de la bière.

Les distillateurs remportent un petit succès en 1685 ; sur leur demande, le Parlement rend, le 30 juillet, un arrêt qui fait défense au sous-fermier des petits domaines et lettres de regrat de la Ville de Paris, d'exprimer le débit de l'eau-de-vie dans les dites lettres et aux regrattiers d'en vendre et débiter en quelque manière que ce soit, à peine de cent livres de dommages-intérêts et condamne le sous-fermier ès dépens.

Les limonadiers — car on ne les désignait plus guère que sous ce nom dans la langue courante — résolurent alors de s'attaquer aux épiciers ; ceux-ci, à leur tour, réclamèrent contre le privilège accordé aux limonadiers et, sur ces prétentions rivales, intervint le 13 décembre 1689, un arrêt du Conseil qui réglait le *modus vivendi* entre les deux corporations.

Il maintenait *les limonadiers dans le droit d'acheter, faire et vendre de l'eau-de-vie en gros, en détail et même d'en faire venir des Provinces et pays étrangers, et d'en envoyer ainsi que bon leur semblera, avec défenses à toutes personnes sans qualité et qui ne sont point maîtres d'une communauté en droit et en possession de vendre de l'eau-de-vie, d'en tenir magasin ou boutique, ni d'en faire vendre*

dans leurs maisons sans préjudice à ceux qui ont accoutumé
de vendre de l'eau-de-vie en détail par les rues, d'en exposer
et vendre sur des escabelles ou tables, de continuer leur
petit commerce, ordonnait que les limonadiers auraient, à
l'exclusion de tous autres marchands et artisans, la faculté
de composer et vendre toutes limonades ambrées, parfumées
et autres eaux de gelée et glaces, de fruits et de fleurs, même
les eaux d'anis, de canelle et franchipane, de Laigre, de
cèdre, du sorbek et du caffé en grain, en poudre et en
boisson : Qu'ils pourraient aussi vendre des cerises, fram-
boises et autres fruits confits dans l'eau-de-vie avec des noix
confites et dragées en détail, permettait aux apoticaires de
composer et vendre de l'eau d'anis et de canelle en remède
seulement, et aux épiciers et apoticaires-épiciers de vendre
et débiter en gros ou en détail pendant six mois, à compter
du jour de la signification dudit arrêt, le sorbec et caffé
qu'ils avaient fait venir pour leur compte, si mieux ils
n'aimaient le remettre dans un mois pour tout délai aux
limonadiers qui seraient tenus de le prendre en payant de gré
à gré, ou suivant les factures qui seraient fidellement repré-
sentées, ce que lesdits épiciers et apoticaires seraient
pareillement tenus d'opter dans huitaine, sinon l'option
référée aux limonadiers.

Le 4 juillet 1690, intervint un nouvel arrêt qui pro-
rogeait de six mois le délai pendant lequel les épiciers et
apothicaires pouvaient vendre et débiter en gros et en détail,
ce qui leur restait du café qu'ils pouvaient avoir chez eux.

Nous verrons par la suite que cet arrêt du 13 décembre 1689 ne satisfit aucune des deux communautés in-
téressées et nous aurons occasion d'enregistrer d'autres
arrêts réglant à nouveau leurs différends.

Avant de raconter les incidents qui signalèrent une autre
lutte des limonadiers, engagée cette fois contre les vinaigriers, il nous faut dire quelques mots d'une mesure

financière qui ne leur fut pas spéciale, mais qui ne les en frappa pas moins sévèrement.

Au mois de mars 1691, le roi avait besoin d'argent ; ce n'était point là chose nouvelle ; mais on avait déjà employé bien des moyens ingénieux ; il fallait trouver du nouveau ; on y arriva. Quand nous disons que le procédé était nouveau, nous nous trompons ; il avait été employé déjà, et même fréquemment, mais jamais dans de telles proportions ; nous voulons parler de la création de nouveaux offices ; de 1691 à 1709, on en créa plus de quarante mille qui furent tous vendus au profit du trésor public.

Aucune transaction ne pouvait s'opérer, aucun achat se conclure, même pour les besoins les plus urgents de la vie, sans qu'on appelât le juré qui avait acheté le privilège exclusif de visiter, d'auner, de peser, de mesurer etc. *On créa,* dit Voltaire dans le Siècle de Louis XIV, *des charges ridicules toujours achetées par ceux qui veulent se mettre à l'abri de la taille; car l'impôt de la taille étant avilissant en France, et les hommes étant nés vains, l'appât qui les décharge de cette honte fait toujours des dupes; et les gages considérables attachés à ces nouvelles charges invitent à les acheter dans des temps difficiles, parce qu'on ne fait pas réflexion qu'elles seront supprimées dans des temps moins fâcheux. Ainsi, en 1707, on inventa la dignité de conseillers du roi rouleurs et courtiers de vin, et cela produisit 180,000 livres. On imagina des greffiers royaux, des subdélégués des intendants de province. On inventa des conseillers du roi contrôleurs aux empilements de bois, des charges de barbiers-perruquiers, des contrôleurs-visiteurs de beurre frais, des essayeurs de beurre salé. Ces extravagances font rire aujourd'hui, mais alors elles faisaient pleurer.*

Les communautés furent atteintes les premières par les nouvelles mesures fiscales ; au mois de mars 1691, parut un édit qui mérite d'être cité en entier pour montrer

comment l'on cherchait à couvrir du prétexte de l'intérêt
général les procédés les moins excusables.

Louis etc... Les rois nos prédécesseurs, connaissant que les
marchands et artisans font une partie considérable de l'Etat,
et qu'il n'y a point de sujet, de quelque qualité qu'il soit, qui
n'ait intérêt à la fidélité du commerce et à la qualité des
ouvrages auxquels les artisans travaillent, ont donné, dans
tous les temps, une attention particulière aux règlements et
à la police des corps de marchands et communautés des
arts et métiers. C'est par ces raisons importantes que
Henri III et Henri IV, non contents des précautions que les
anciennes ordonnances du royaume avaient prises pour
conserver les droits royaux et maintenir l'ordre et la police
dans les arts et métiers, ont fait plusieurs règlements par les
Edits de 1581, 1583 et 1597 pour prescrire le temps des
apprentissages, la forme et la qualité des chefs-d'œuvre, les
formalités de la réception des maîtres, des élections des jurez,
des visites qu'ils pourraient faire chez les maîtres, et les
sommes qui seraient payées par les aspirants, tant au do-
maine, à titre de droit royal, qu'aux jurez et aux commu-
nautés. Mais nonobstant toutes ces précautions, leurs bonnes
intentions ont été éludées, et le public a été privé de l'utilité
qu'il devait en recevoir; la longueur, les frais et les incidents
des chefs-d'œuvre ayant souvent rebuté les aspirants les plus
habiles et les mieux instruits dans leur art, qui ne pouvaient
pas fournir aux dépenses excessives des festins et buvettes
auxquels on voulait les assujettir. D'ailleurs, les brigues et
les cabales qui se pratiquent dans l'élection des jurez
troublent les communautés et les consomment souvent en frais
de procès; et ceux qui sont choisis et préposés pour tenir la
main à l'exécution des ordonnances, règlements et statuts,
ne devant exercer la jurande que pendant peu de temps, se
relâchent de la sévérité de leur devoir, et se croient obligés

d'avoir pour les autres, particulièrement pour ceux qu'ils prévoient leur devoir succéder dans la jurande, la même indulgence dont ils souhaitent qu'ils usent dans la suite à leur égard. Ce relâchement, si préjudiciable au public, a donné une telle atteinte à la police des corps des marchands et des arts et métiers, qu'il y a très peu de règles dans les apprentissages, dans les chefs-d'œuvre, dans les réceptions des aspirants, dans les élections et dans la fonction des jurez, que même, dans la plupart des communautés, il ne se tient point registre de la réception des maîtres, ni des apprentis, et que, dans la multiplication des frais, dont les particuliers profitent indûment aux dépens des communautés, les droits de la couronne fondés sur ce qu'il n'appartient qu'aux rois seuls de faire des maîtres des arts et métiers, se trouvent négligés et anéantis ; et, au lieu du droit royal qui nous appartient et qui avait été fixé par l'édit de 1581, et modéré par celui de 1597, il se lève, par les receveurs ou fermiers de nos domaines, plusieurs petits droits qui ne nous sont d'aucune utilité, et donnent souvent lieu à des procès et différends. Ces raisons nous ont fait prendre la résolution de nommer des commissaires de Notre Conseil pour régler la forme et la qualité des chefs-d'œuvre que les aspirants à la maîtrise seront obligés de faire, les frais de réception et autres choses concernant l'ordre et la police des arts et métiers, et, à cette fin, se faire représenter les statuts et règlements desdits corps, et d'établir au lieu et place des jurez électifs, des jurez en titre d'office, *qu'une fonction perpétuelle et l'intérêt de la conservation de leurs charges, qui répondraient des abus et des malversations qu'ils pourraient commettre, engageront à veiller avec plus d'exactitude et de sévérité à l'observation des ordonnances, règlements et statuts ; de supprimer les divers petits droits qui se lèvent au profit de notre domaine, pour la réception des maîtres, ou pour l'ouverture des boutiques ; et de rétablir l'ancien droit royal sur un pied fixe et modéré ;* en sorte que nous puissions tirer, dans les besoins présents, tant du produit de ce droit que du prix des charges de maîtres et gardes des corps des marchands et de jurez des communautés d'arts et métiers, quelque secours pour soutenir les dépenses de la guerre, *et maintenir les avantages dont Dieu a jusqu'à présent béni la justice de nos armes.*

On devine quel émoi saisit les corporations; elles allaient donc être régies par des étrangers, par des inconnus ne présentant même aucune garantie d'honorabilité, à qui il faudrait ouvrir tous les livres, communiquer tous les papiers, à qui enfin il faudrait obéir. Personne ne se trompa sur les intentions du roi. Aussi les communautés lui demandèrent-elles de conserver leurs jurés élus, offrant en échange de lui payer la somme que devait produire la création qu'il avait ordonnée. Bien entendu, le roi accepta avec empressement. Les corporations vendirent leurs rentes, hypothéquèrent leurs biens, empruntèrent à gros intérêts, ne reculant devant aucun sacrifice pour rester maîtresses chez elles. Elles versèrent ainsi plus de 3 millions, somme énorme pour l'époque, et, dans la formule du reçu qui leur fut donné, le roi eut l'impudeur, dit M. Franklin, de reconnaître que *les communautés ont un notable intérêt, non seulement que les charges de jurez soient exercées par des personnes de qualité et d'expérience, et que ceux qui en abuseront puissent en être dépossédés, mais encore que ceux de leurs corps qui s'en peuvent bien acquitter puissent y parvenir à leur tour, au lieu qu'ils en seraient exclus, puisque ceux que nous en aurions pourvus n'en pourraient estre dépossédés.*

Le roi reconnaissait donc, et le peu de fondement des raisons qu'il avait alléguées dans son édit, et la justice des réclamations présentées par les communautés. Il n'y fit

droit cependant que moyennant le paiement de sommes
considérables.

Les merciers versèrent.........	3oo.ooo livres	
Les épiciers....................	120.000	—
Les marchands de vin..........	120.000	—
Les drapiers	100.000	— etc.

Les distillateurs-limonadiers, communauté relativement
récente, payèrent seulement 24.000 livres ; c'était encore
beaucoup pour eux, car ils n'avaient que des ressources
très médiocres ; pour les aider à emprunter la somme
nécessaire, le roi les autorisa gracieusement à percevoir
certains droits de visite sur les maîtres de la communauté,
sur chaque brevet d'apprentissage et sur les réceptions à
la maîtrise ; à exiger de chaque maître, qui serait élu
juré, la somme de 75 livres, enfin à recevoir vingt-
quatre personnes sans qualité, à condition, qu'après
l'emprunt remboursé, les droits de visite demeureraient
réduits à 20 sols pour chacun an pour les quatre visites
ordinaires, ceux de réception aux droits ordinaires et
accoutumés, et que ceux sur les élections de jurés seraient
entièrement supprimés, conformément à la délibération de
la communauté du 28 juin 1691.

En conséquence, le 23 octobre 1693, le roi octroya
quatre provisions de jurés-limonadiers marchands d'eau-
de-vie pour exercer la jurande pendant deux années ;
notons en passant que les droits établis sur les élections
des jurés à titre provisoire, étaient encore perçus en 1754.

Pour réparer un peu le préjudice que leur avait causé
cette petite spéculation d'Etat, les distillateurs songèrent
à développer leur commerce. L'un des moyens les plus
naturels consistait à restreindre celui de leurs concurrents ;
les plus dangereux étaient alors les vinaigriers ; c'est à

eux que l'on s'attaqua résolument et alors commença un procès qui dura plus de deux ans.

Pour édifier les critiques qui se plaignent de la lenteur de la justice contemporaine et de ses formalités inutiles, nous avons relevé les principaux incidents de la procédure engagée entre les distillateurs et les vinaigriers; nous ne faisons que les énumérer sans entrer dans des explications peu intéressantes pour ceux qui ne sont pas initiés au droit.

1692 —	7 mars	Requête des distillateurs.
—	14 avril	Défense des vinaigriers.
—	15 —	Réplique des distillateurs.
—	22 —	Arrêt d'appointé en droit.
—	3 juin	Requête des distillateurs.
—	10 —	Réponse des vinaigriers.
—	14 —	Productions des parties.
—	16 —	Requête d'emploi.
—	21 —	Requête des vinaigriers.
—	26 —	Nouvelle requête d'emploi.
—	26 —	Contredits et salvations des vinaigriers.
—	2 juillet	Requête des distillateurs.
—	3 —	Contredits et salvations des distillateurs.
—	7 —	Salvations des vinaigriers.
—	24 —	Réponses et salvations des distillateurs.
—	24 —	Factum imprimé des distillateurs.
—	26 —	Contredit des vinaigriers.
—	31 —	Requête des distillateurs.
—	18 août	Arrêt d'avant faire droit demandant l'avis du lieutenant de police et du substitut du procureur général au Châtelet, mais faisant, par provision, défense aux vinaigriers de confire des fruits à l'eau-de-vie, de composer et de vendre des liqueurs.
1693 —	9 décembre	Avis des deux fonctionnaires sus-nommés.
—	23 —	Requête des vinaigriers.
—	29 —	id.
1694 —	29 janvier	Contredits des distillateurs.
—	29 —	Requête des vinaigriers.

1694	—	1ᵉʳ février	Requête des distillateurs.
—	5	—	Contredits des vinaigriers.
—	6	—	Requête des vinaigriers.
—	12	—	id.
—	2	mars	Requête des distillateurs.
—	4	—	Contredit des vinaigriers.
—	9	—	Contredit des distillateurs.

L'arrêt fut enfin rendu le 26 mars, il n'accordait aux distillateurs qu'une partie de leurs demandes ; il confirmait la défense faite aux vinaigriers, par l'arrêt de provision, de confire aucuns fruits avec de l'eau-de-vie et de composer ou vendre aucunes liqueurs, mais il leur permettait de distiller, faire et vendre de l'eau-de-vie en gros et en détail, d'en acheter des marchands forains et autres et d'en faire venir des provinces.

Les dépens étaient compensés, car les distillateurs étaient déboutés de la demande qu'ils avaient faite, d'interdire aux vinaigriers d'acheter et débiter dans leurs boutiques, aucunes eaux-de-vie des provinces et d'en faire venir directement ou indirectement.

On comprend combien étaient coûteux ces longs procès avec leurs nombreux actes de procédure ; aussi les procureurs s'enrichissaient-ils ; mais les malheureuses communautés s'endettaient et s'appauvrissaient tous les jours.

En somme, cependant, les distillateurs n'étaient pas mécontents, ils avaient obtenu un demi-succès ; mais le roi leur ménageait une surprise désagréable ; la création des charges de jurés avait été une opération fructueuse ; il se décida à la renouveler et par un édit, daté précisément du mois de mars 1694, il établit des charges d'auditeurs et d'examinateurs des comptes ; voici comment il justifiait cette création :

La facilité que nous avons eu de permettre à la plupart des communautés, tant de notre bonne ville de Paris que des

*autres villes de notre royaume, de réunir les charges de
maistres et gardes et de jurez aux dites communautés, a
donné lieu à la continuation des mêmes abus qui s'étaient
pratiquez : de sorte que les deniers de ces communautés
n'ont pas esté mieux administrez, ny les comptes rendus
avec plus de régularité que par le passé ; et la perception
de notre droit royal a esté tellement négligée que la plupart
des maistres ont été reçus sans avoir payé ny le droit royal,
ny les anciens droits qui se payaient au profit de nostre
domaine, et que nous avions supprimé par notre édit du
mois de mars 1691. Pour remédier à ces inconvénients et
empescher que nos bonnes intentions pour la police des arts
et métiers, et pour la fidèle administration des deniers
des communautés, ne soient éludées et que les droits que
nous devons percevoir ne soient négligez et abolis.*

*Nous avons estimé que nous ne pouvions rien faire de
plus convenable auxdites communautés d'arts et métiers et
à la conservation de nos droits, que de créer en titre d'office
des auditeurs-examinateurs des comptes des deniers des
dites communautés, et, pour leur donner le moyen de s'en
acquitter dignement, de leur accorder des gages propor-
tionnez à leur travail, mesme de leur attribuer la perception
de notre droit royal, pour en jouir et disposer comme de
choses à eux appartenant.*

*A ces causes, créons et érigeons en titre d'offices formez
et héréditaires, deux auditeurs-examinateurs des comptes
pour chaque corps de marchands et pour chaque communauté d'arts et métiers.*

Ces auditeurs étaient nommés moyennant finance et
pouvaient faire exercer leur office par des personnes
capables ; les jurés, gardes, syndics devaient leur remettre
tous les ans les comptes de gestion ; ils devaient aussi leur
mettre entre les mains tous les comptes depuis 1680.

Le roi s'attendait bien à ce que les communautés
vinssent lui demander la réunion de ces nouveaux offices

et était tout disposé à leur octroyer cette faveur moyennant
le paiement d'une nouvelle contribution; mais les communautés qui avaient versé 3 millions deux ans auparavant,
hésitaient à faire de nouveaux sacrifices; celles des provinces s'exécutèrent, celles de Paris employèrent des
moyens dilatoires; mais le roi n'entendait pas être déçu
dans ses calculs et, voyant que les corporations parisiennes
s'obstinaient à ne pas demander la réunion des offices
d'auditeurs, il la leur imposa par un arrêt du Conseil du
14 juin 1695; il ordonnait *qu'à la diligence des maistres et
gardes, syndics et jurez des communautés de la Ville et
faux bourgs de Paris, il serait fait répartition de la finance
des offices des auditeurs-examinateurs des comptes, sur le
pied de l'évaluation qui en serait faite au Conseil eu égard
à la portée du droit royal, sur tous ceux qui composent les
dites communautés le plus équitablement que faire se
pourrait, à proportion des facultez de chaque particulier;
le montant desquelles répartitions serait payé ensemble les
deux sols pour livre, un tiers un mois après la signification
de l'arrêt, le second tiers trois mois après et le parfait
paiement dans les trois suivants.*

On voit que le roi n'accordait pas aux malheureux
marchands des délais exagérés; aussi certains maîtres
découragés préférèrent renoncer à leur privilège plutôt
que de subir de telles exactions qu'ils prévoyaient devoir se
renouveler; mais le roi n'admit pas cette façon d'échapper
à ses réclamations et, par un édit du 30 juin 1696, il
ordonna de contraindre au paiement du montant de la part
leur afférant dans la répartition *les maistres qui avaient
fait des renonciations depuis l'édit de mars 1694.*

Les distillateurs-limonadiers durent payer pour leur
part 25,000 livres; cela faisait 49,000 livres en quatre ans;
mais ils n'en avaient pas encore fini avec les exigences
royales; le 10 décembre 1701, parut une ordonnance qui

avait pour but de compléter les compagnies de l'infanterie française.

Le roi constatait *que, dans les levées qui avaient eu lieu à l'occasion des dernières guerres, quelques officiers qui y étaient employés enrôlaient par surprise ou par d'autres voies défendues par les ordonnances, la plupart des soldats qu'ils étaient obligés de lever, jusque là que souvent ils enlevaient des hommes qu'ils menaient par force à leurs compagnies, d'où il arrivait que les laboureurs ne se trouvaient pas en sûreté dans leur labour, que les marchés n'étaient plus libres et que les artisans demeuraient dans une continuelle crainte d'être pris par lesdits officiers, qui d'ailleurs engageaient des jeunes gens pour servir, qui n'étaient pas encore en état de porter les armes, seulement afin de tirer de l'argent de leurs parents qui les viendraient réclamer.*

Et quel remède le roi proposait-il pour mettre fin à ces abus ? C'était de diminuer le nombre des officiers recruteurs qui, de cette façon, *se contiendraient dans les voies ordinaires et permises en travaillant auxdites recrues.*

Et pour diminuer le nombre de ces officiers, Sa Majesté ordonnait une levée spéciale qui devait être faite en diligence et voici comment :

Chaque corps et communauté de marchands et artisans du royaume fournirait un ou plusieurs soldats, à proportion de ses revenus communs. Un état joint à l'ordonnance indiquait le nombre des soldats que devait fournir chaque communauté.

Pour tout prévoir, il était commandé d'apposer des affiches faisant savoir que lesdites communautés paieraient pour l'enrôlement de chacun des soldats qu'elles devraient fournir, savoir : celles des plus grandes villes jusqu'à 100 livres, celles des villes du deuxième rang jusqu'à 8o livres et celles des moindres villes jusqu'à 6o livres. Il était stipulé que les hommes devaient avoir au moins 5 pieds de hauteur, avoir plus de vingt-deux ans et moins de trente-cinq ans, être exempts de toute incommodité qui les empêcherait de servir; enfin la durée de l'enrôlement était de trois ans.

Dans son extrême bienveillance, le roi prévoyait l'embarras des communautés dont les revenus étaient entièrement employés au paiement des rentes annuelles qu'elles devaient pour les emprunts qu'elles avaient faits précédemment pour le service de Sa Majesté; il les autorisait, en conséquence, à faire l'avance des sommes nécessaires sauf à se rembourser sur les droits de réception payés par les premiers maîtres qui seraient reçus; il consentait même à ne pas leur faire supporter les frais d'habillement et d'armement des recrues qu'elles fourniraient.

Les distillateurs-limonadiers durent fournir quatorze hommes et furent autorisés à recevoir deux maîtres sans apprentissage qui devaient payer au moins 1,400 livres chacun.

Mais la guerre de la succession d'Espagne se poursuivait, vidant avec une merveilleuse rapidité les caisses royales; tous les moyens étaient bons pour les remplir : concessions de rentes viagères, création d'offices, établissement d'une caisse d'emprunt, aliénation des domaines et des justices de roi, lettres de noblesse accordées moyennant finances, etc. Les communautés ne pouvaient pas être oubliées; aussi, au mois de juillet 1702, parut un édit qui mérite d'être transcrit, car il a pour but de démontrer aux malheureux membres des corporations que la nouvelle exaction est rendue nécessaire par leurs fautes et qu'elle est faite uniquement dans leur intérêt.

Les avis qui nous furent donnés en 1691, de l'altération des corps des marchands et communautés des arts et métiers de notre royaume, nous ayant fait connaître la nécessité que

*nous donnassions de nouveaux ordres pour prévenir les
suites d'un relâchement si préjudiciable au public, et y rétablir la discipline si nécessaire pour conduire les arts à leur
perfection et faire fleurir le commerce, nous ordonnâmes
par notre édit du mois de mars 1691, que, par des commissaires de notre Conseil, il serait incessamment procédé à la
confection des règlements convenables pour le temps des apprentissages, l'expédition des brevets des apprentis, la forme
et la qualité des chefs-d'œuvre, les frais de réception des
aspirants, l'abolition des buvettes, festins et frais de confrairie, des visites de jureẓ cheẓ les maîtres, et généralement pour tout ce qui concernait la police desdits corps et
communautés ; nous ordonnâmes par le même édit, l'établissement en titre d'office des maîtres et gardes de chaque
corps de marchands, et des syndics jureẓ ou prieurs pour
chaque communauté d'arts et métiers, au même nombre et
aux mêmes fonctions des électifs ; et depuis par notre autre
édit du mois de mars 1694, nous avons, dans la même vue,
créé pareillement en titre d'office, des auditeurs examinateurs des comptes desdits corps et communautés, mais ayant
égard aux remontrances qui nous furent faites alors par
lesdits corps et communautés, nous avons bien voulu sus-
pendre la confection desdits règlements, et consentir la réunion desdits offices auxdits corps et communautés, dans l'espérance qu'ils se porteraient d'eux-mêmes au retranchement
de tous les abus auxquels nous avions entendu remédier ;
cependant nous apprenons que, bien loin d'y avoir apporté
quelque ordre, les deniers des bourses communes desdits
corps et communautés sont si mal administrés qu'il est absolument nécessaire d'y pourvoir, ce que nous avons cru ne
pouvoir mieux faire qu'en établissant, en titre d'office, des
trésoriers des bourses communes desdits corps et communautés, par les mains desquels passeront dorénavant tous les
deniers, même ceux provenant des comptes qui seront rendus
par ceux qui en ont eu jusqu'à présent le maniement et dont
ils ne pourront à l'avenir disposer que suivant et conformément aux règlements qui seront faits par nos ordres.*

Cette fois, la plupart des communautés était hors d'état de racheter ces offices; les moins endettées cependant firent des offres que le roi accepta, reconnaissant que *les communautés avaient un notable intérêt à ce que ces fonctions de trésorier fussent exercées par des gens de probité et d'expérience dans leur commerce, personne n'étant d'ailleurs en état de remplir lesdites fonctions plus dignement et avec plus d'exactitude que les jurez de ladite communauté.*

Les limonadiers versèrent encore 22,728 livres pour cette réunion.

L'opération n'avait pas été très fructueuse; on la recommença en créant dans chaque communauté des contrôleurs visiteurs des poids et mesures (janvier 1704), puis des greffiers pour l'enregistrement des brevets d'apprentissage, lettres de maîtrise, etc. (août 1704).

Nous ne savons pas si la communauté des distillateurs racheta ces deux derniers offices ou si elle dut les supporter, mais un coup beaucoup plus dur la menaçait; elle fut, en effet, supprimée par un édit de décembre 1704.

Il était ainsi conçu :

Nous avons appris que la communauté est devenue si nombreuse, surtout dans notre bonne ville de Paris, par la facilité que ceux qui embrassent cette profession trouvent à s'en instruire et par le grand usage qui s'est introduit du caffé, thé et chocolat, qu'elle se trouve présentement fort à charge à notre ferme générale des aides.

A quoy désirant remédier et fixer à l'avenir le nombre de ceux qui pourront exercer cette profession dans toutes les villes de notre royaume.

A ces causes et autres à ce Nous mouvans, de notre certaine science, pleine puissance et autorité royale, Nous avons par notre présent édit, supprimé et supprimons les communautés des limonadiers marchands d'eau-de-vie et autres liqueurs établis tant dans notre bonne ville de Paris que dans les autres villes de notre royaume.

Ordonnons que, dans le premier avril prochain, les marchands limonadiers seront tenus de fermer leurs boutiques et leur faisons défense, passé ledit jour, de vendre de l'eau-de-vie, esprit de vin et autres liqueurs à peine contre les contrevenants de 1,000 livres d'amende, confiscation des marchandises et ustensiles servant à leur profession.

Voulons que les jurez syndics de ladite communauté remettent entre les mains du contrôleur général de nos finances les quittances de finances que lesdits limonadiers nous ont payées jusqu'à présent pour être par nous pourvu à leur remboursement.

Et du même pouvoir et autorité que dessus, Nous avons créé et érigé cent cinquante privilèges héréditaires de marchands limonadiers, vendeurs d'eau-de-vie, esprit de vin et autres liqueurs pour en exercer la profession dans notre bonne ville et faux bourgs de Paris, et dans les autres villes de notre royaume, le nombre qui sera jugé nécessaire, suivant les rolles qui en seront arrêtés en notre Conseil.

Voulons que les cent cinquante limonadiers fassent un seul et même corps de communauté, voulons que les acquéreurs desdits privilèges puissent les exercer en conséquence des quittances de finances qui leur seront fournies et délivrées par le Trésorier de nos revenus casuels, en payant les sommes auxquelles nous en aurons fixé la finance.

L'ordonnance ajoute que ces privilèges pourront être cédés et que les veuves en jouiront leur vie durant; puis elle continue :

Voulons que ceux qui auront acquis lesdits privilèges, puissent seuls, à l'exclusion de toutes sortes de personnes et communautés, vendre et distribuer par détail dans leurs boutiques, foires et marchés, ou porter dans les maisons de ceux qui en demanderont, du thé, caffé, chocolat, limonades,

sorbets et autres liqueurs composées avec l'eau naturelle,
sucre, fleurs, et fruits glacés, rafraîchis et autrement.

Voulons qu'ils puissent vendre en gros et en détail des vins
d'Espagne, Canaries, d'Alicante, Saint-Laurent, La Ciontat,
Frontignan et généralement toutes sortes de vins et de
liqueurs tant français qu'étrangers, sans exclusion néan-
moins de ceux qui sont en droit d'en débiter.

Auront pareillement la faculté de vendre et donner à
boire de l'eau-de-vie, de l'esprit de vin, ensemble les liqueurs
qui en sont composées, fenouillette, vatté, eau de Cette, de
mille-fleurs, de genièvre, orange, ratafia de fruits et de
noyaux, eau cordialle et de toutes sortes d'eaux composées
avec eau-de-vie et esprit de vin, hipocras d'eau et de vin,
concurremment avec ceux qui sont en droit d'en vendre et
donner à boire.

Pourront aussi les propriétaires desdits privilèges vendre
en gros et en détail du chocolat en pain, tourteaux et en
dragées, du thé en feuille, du caffé en grain, cacao, vanille,
faire et composer le chocolat, si bon leur semble, sans exclu-
sion de ceux qui sont en possession d'en vendre en gros et en
détail.

C'était une véritable spoliation, car le roi ne tenait pas
compte des dépenses faites, des capitaux engagés par les
malheureux limonadiers; pour ceux-ci c'était une ruine
complète, mais c'était la fortune assurée pour les cent cinquante privilégiés qui allaient se partager une clientèle
déjà très considérable, faisant vivre plusieurs centaines de
maîtres. Aussi les limonadiers demandèrent-ils au roi de
revenir sur sa décision et de rétablir leur communauté; la
bonté du prince était inépuisable et il daigna consentir à
révoquer son édit par un second édit de juillet 1705; mais
ce ne fut pas *pro gratia Dei.*

Les limonadiers, dit cet édit, nous ayant supplié de réta-
blir leur communauté en l'état qu'elle était avant l'édit de

décembre 1704 aux conditions suivantes et aux offres qu'ils font de nous payer la somme de deux cent mille livres et les deux sols pour livre, en neuf paiements égaux de trois mois en trois mois, dont le premier paiement écherra deux mois après l'enregistrement de notre dit édit pour ladite somme de 200,000 livres et les deux sols pour livre, tenir lieu d'augmentation de finance avec celle de 101,000 livres qu'ils ont cy-devant payée, sçavoir 2,700 livres par quittance de finance du 9 août 1683, 24,000 livres pour les charges de jurez perpétuels, en exécution de l'édit du mois de mars 1691, 25,000 livres payées par les offices d'auditeurs des comptes en exécution de l'édit du mois de mars 1694, et 2,500 livres pour l'office de trésorier de leur communauté, créé par édit du mois de janvier 1703.

A ces causes et autres à ce nous mouvans, voulons traiter favorablement lesdits maîtres distillateurs marchands d'eau-de-vie et leur donner lieu de subsister avec leur famille, de notre certaine science, pleine puissance et autorité royale, nous avons, par notre présent édit perpétuel et irrévocable, révoqué et révoquons à l'égard de notre bonne ville de Paris, notre édit du mois de décembre 1704 et ordonnons que la communauté des limonadiers marchands d'eau-de-vie sera et demeurera en l'état qu'elle est. En conséquence, que lesdits maîtres limonadiers-distillateurs marchands d'eau-de-vie auront, à l'exclusion de tous autres, la faculté de vendre toutes liqueurs composées d'eau-de-vie et d'esprit de vin, françaises et étrangères, et fruits confits aussi à l'eau-de-vie, comme aussi de vendre seuls le caffé brûlé en poudre et en boisson, de fabriquer et de vendre le chocolat en tablettes et rouleau et de donner seuls de l'eau-de-vie à boire dans leurs boutiques, faisant défense aux apoticaires, vinaigriers, épiciers et tous autres ayant boutiques, de vendre et débiter du caffé brûlé en poudre ou en boisson, ni aucunes liqueurs et fruits confits avec de l'eau-de-vie, même de fabriquer et vendre du chocolat en tablette et rouleau, et de donner à boire de l'eau-de-vie dans leurs boutiques, à peine

*de 300 livres d'amende, moitié au profit de l'Hospice Gé-
néral et moitié au profit de la communauté des limonadiers.*

Les maîtres ou veuves qui ne pouvaient tenir boutique
ouverte étaient déchus de leur maîtrise, mais la communauté devait leur rembourser la finance par eux payée.

Les maîtres qui avaient cessé leur commerce conformément à l'édit de 1704, restaient exclus de la communauté
à moins de participer au paiement des 200,000 livres et
devaient déclarer leur choix dans les deux mois de la pro-
mulgation de l'édit.

Pour payer les 200,000 livres, la communauté était autorisée à emprunter et, pour s'acquitter, elle devait toucher les droits de maîtrise suivants :

Fils des anciens, nés dans la maîtrise et dont les pères
avaient passé par les honneurs . . . . 300 livres.
Filles épousant un étranger. . . . . 500 —
Si les pères n'avaient point passé par les
charges, les fils payaient . . . . 500 —
et les filles. . . . . 700 —

Les enfants qui n'étaient pas nés dans la maîtrise et les
veuves qui se remariaient payaient 800 livres, ainsi que
les apprentis ; le brevet d'apprentissage coûtait 30 livres.

On voit que le roi, satisfait de toucher 200,000 livres,
avait bien fait les choses ; mais les apothicaires, vinaigriers
et épiciers se sentirent lésés et élevèrent des réclamations ;
ils en furent déboutés par un arrêt du Conseil en date du
8 septembre 1705 qui les autorisait à se faire recevoir limonadiers marchands d'eau-de-vie dans les trois mois, tout en
leur permettant de continuer à vendre de l'eau-de-vie tant
en gros qu'en détail et en donner à goûter par essai, mais
sans fraude et sans pouvoir sous ce prétexte avoir dans
leur boutique aucuns barils, fontaines, tasses ou petits

verres pour donner à boire de l'eau-de-vie. En conséquence,
le 23 octobre 1705, vingt épiciers furent condamnés à payer
une amende et des dommages-intérêts aux limonadiers
pour avoir été trouvés donnant à boire dans leur boutique;
ils ne se découragèrent pas et, à force d'instances, obtinrent
le 24 novembre suivant, une déclaration leur permettant
de donner de l'eau-de-vie à boire dans leurs boutiques,
mais sans que les consommateurs pussent s'attabler.

Les distillateurs espéraient goûter enfin quelque tranquillité; ils se trompaient singulièrement; le roi avait plus
que jamais besoin d'argent et, au mois d'octobre, un nouvel
édit créait trente visiteurs et contrôleurs de toutes sortes
d'Eaux de la Reine de Hongrie et autres composées avec
de l'eau-de-vie et distillées ensemble, des sirops et essences
de quelque espèce que ce soit, entrants ou composés dans
ladite ville de Paris, avec attribution de 2 sols par bouteille d'un demi-septier desdites eaux et liqueurs et 1 sol
par chaque bouteille d'essence de la même contenance;
le nommé Richer était chargé de la vente desdits offices de
visiteurs et contrôleurs.

L'Eau de la Reine de Hongrie était tout simplement une
infusion de fleurs de romarin dans de l'esprit de vin; elle
était recommandée pour les foulures et les blessures.

Richer, afin de pouvoir placer avantageusement ses trente
offices, invita les distillateurs à faire leurs déclarations et
à payer les nouveaux droits sur tous les ratafias et liqueurs composées d'eau-de-vie et distillées. Cette fois la
corporation se révolta; elle fit remarquer que, si lesdits
ratafias et autres liqueurs composées avec des eaux-de-vie
ayant déjà payé à l'entrée de Paris des droits considérables étaient encore chargés desdits 8 sols par pinte,
les distillateurs ne pourraient plus en trouver le débit et
que la consommation s'adresserait aux liqueurs étrangères
dont la fabrication était beaucoup moins chère par la diffé-

rence du prix des eaux-de-vie dans les provinces et dans la
ville de Paris.

Ces raisons, si bonnes, si logiques fussent-elles, auraient
probablement laissé le roi insensible; mais la corporation
ajoutait que ce nouvel impôt la mettrait hors d'état d'exécuter le versement des 200,000 livres et 2 sols par livre
qu'elle avait offerts contre le rétablissement de ses
droits.

Cette raison fut déterminante et, le 29 décembre, parut
un édit qui déchargeait les distillateurs du paiement de la
nouvelle taxe.

Le roi n'avait pas voulu renoncer à ses 200,000 livres,
car c'était une somme considérable pour l'époque; la
pauvre communauté n'allait pas tarder à s'en apercevoir.

Aux termes de l'édit de juillet 1705, elle avait un délai de
plus de deux ans pour s'acquitter; mais le Trésor royal,
incessamment mis à sec par les dépenses toujours crois-
santes de la guerre, ne pouvait pas supporter un si long
retard; les distillateurs furent mis en demeure de s'exécuter
immédiatement, ils firent de leur mieux et, au mois de
juillet 1706, ils avaient déjà payé 160,209 livres; ils ne
devaient donc plus que 39,791 livres, plus les 2 sols
par livre, soit au total 59,791 livres. Mais ils étaient à
bout de ressources et demandèrent du temps pour payer
ce reliquat; le roi leur refusa impitoyablement et, voyant
qu'il avait tiré d'eux tout ce qu'il était possible de leur
arracher, il résolut de les supprimer une seconde fois.

Après avoir rappelé les difficultés qui s'étaient élevées
entre les distillateurs-limonadiers, les épiciers et les vinaigriers, le nouvel édit (septembre 1706) déclarait que, pour
faire cesser tous les procès et différends entre ces trois communautés et rétablir la tranquillité entre elles, il était créé
cinq cents privilèges héréditaires de marchands d'eau-de-
vie et de toutes sortes de liqueurs dont le prix devait être

si modique que ceux qui avaient intérêt à continuer ce commerce pourraient aisément les acquérir.

En conséquence, l'édit de juillet 1705 était révoqué et la communauté supprimée une seconde fois et remplacée par celle que constitueraient les nouveaux privilégiés lesquels *avaient la faculté de vendre, à l'exclusion de tous autres, toutes liqueurs composées d'eau-de-vie et esprit de vin, françaises ou étrangères et fruits confits aussi à l'eau-de-vie, comme aussi de vendre seuls du caffé brûlé en poudre et en boisson, de fabriquer et vendre le chocolat en tablettes ou roulleaux et de donner de l'eau-de-vie à boire dans leurs boutiques, ensemble du thé, chocolat, caffé, limonade et autres liqueurs composées de quelque nature qu'elles fussent.*

Il était désormais interdit aux épiciers et vinaigriers de donner à boire de l'eau-de-vie chez eux, même sans s'attabler.

On voit que le roi ne s'était pas mis en frais d'imagination pour rétablir la concorde entre les trois communautés; il supprimait l'une d'elles et il retirait aux deux autres le droit sur l'existence duquel on avait tant discuté.

Pour assurer le placement des cinq cents privilèges *il était interdit à toutes personnes, un mois après l'enregistrement de l'édit, de tenir boutique pour vendre ny débiter les boissons et marchandises cy-dessus ledit temps passé, à peine de cinq cents livres d'amende, et de confiscation des liqueurs et marchandises cy-dessus qui se trouveraient chez eux, ensemble des vaisseaux et ustensiles servant au commerce et débit desdites marchandises et liqueurs.*

Cependant les personnes qui faisaient commerce pouvaient le continuer, en faisant dans ledit mois leurs soumissions d'acquérir un desdits privilèges et d'en payer le prix ; sçavoir, un quart dans le mois suivant, et les autres de trois en trois mois.

Il était permis aux distillateurs, aux épiciers et autres d'acquérir plusieurs desdits privilèges, de les faire exercer séparément, sans que pour cela les épiciers et autres exerçant d'autres professions, fussent sujets, à cause desdits privilèges, aux visites des maîtres et gardes de la nouvelle communauté, mais seulement aux droits de visite.

Les privilégiés étaient de plus garantis contre une concurrence assez redoutable, paraît-il, et dont n'avaient pu se débarrasser ceux qu'ils étaient appelés à remplacer. En effet *très expresses inhibitions et défenses étaient faites à tous concierges, suisses ou portiers des palais et hôtels de Paris et des faux bourgs, collèges, monastères, abbayes et autres lieux privilégiés, en quelque endroit qu'ils fussent situés, de retirer aucunes personnes pour faire commerce de liqueurs à peine d'une amende de cinq cents livres qui ne pourrait être remise ni modérée.*

Les maîtres et gardes de la communauté obtenaient le droit d'aller en visite dans les enceintes de l'abbaye Saint-Germain-des-Prés, du Temple, Saint-Jean-de-Latran, Saint-Martin-des-Champs, Saint-Denis-de-la-Chartre, faubourgs Saint-Antoine et autres lieux privilégiés, à la seule condition de se faire assister par un commissaire au Châtelet.

Les veuves, enfants et héritiers de ceux qui avaient acquis des privilèges, pouvaient les faire exercer ou les livrer à qui bon leur semblait ; enfin les privilèges ne pouvaient être saisis par d'autres créanciers que ceux qui avaient fourni les deniers pour les acquérir, à la condition qu'il en fût fait mention dans les quittances de finances ou dans les contrats d'emprunt.

On voit combien on avait multiplié les avantages accordés aux nouveaux maîtres ; aussi espérait-on que les cinq cents privilèges seraient bien vite placés et rapporteraient au Trésor une somme ronde de 4 à 500,000 livres.

La vente en avait été confiée à un traitant nommé Lescuyer, celui-là même qui avait été chargé de placer les cent cinquante privilèges créés en décembre 1704 et ensuite d'opérer le recouvrement des 200,000 livres sur la communauté des distillateurs - limonadiers ; il devait rembourser à celle-ci les acomptes versés par elle sur ces 200,000 livres.

Mais Lescuyer n'était pas heureux dans ses opérations ; il faut convenir d'ailleurs qu'il était placé dans des conditions bien défavorables ; la guerre continuait terrible, acharnée, coûteuse ; l'argent se faisait rare ; on avait déjà vendu tant d'offices et de privilèges qu'ils devenaient une marchandise dépréciée, alors surtout qu'on voyait le roi les diminuer ou même les supprimer sans aucun prétexte sérieux, dès l'instant qu'il y voyait le moyen de créer quelque nouvelle ressource.

Aussi n'est-il pas étonnant que Lescuyer ait eu quelque difficulté à se débarrasser de ses cinq cents privilèges qu'il vendait à raison de 1,000 livres chacun, plus les 2 sols par livre. En novembre 1713, c'est-à-dire au bout de sept ans, il n'en avait vendu que cent trente-huit, dont vingt et un avaient été acquis par des épiciers et des vinaigriers, quarante-cinq par des particuliers sans qualité, et soixante-douze par des maîtres de la communauté supprimée ; l'opération n'avait produit pour le Trésor que la somme de 106,875 livres, inférieure, par conséquent, à la somme à rembourser aux distillateurs ; ceux-ci d'ailleurs, malgré l'édit, avaient continué à exercer leur commerce, puisque Lescuyer ne leur avait rien rendu des sommes versées. Ils n'en restaient pas moins dans une situation déplorable, n'exerçant plus leur profession que par tolérance, toujours sur le point de voir fermer leurs boutiques.

En outre, les créanciers de la communauté ne pouvant plus s'adresser à elle pour être remboursés, puisqu'elle n'existait plus, prétendaient avoir action sur les biens propres et particuliers de chacun des maîtres anciens et nouveaux; ceux-ci adressaient donc requête sur requête au roi pour qu'il prît pitié de leur misère ; comme il n'avait pas d'intérêt à la prolonger et qu'il aurait même subi une perte assez considérable en persistant à faire exécuter l'édit de septembre 1706, il se montra bon prince et, par un nouvel édit, daté du mois de novembre 1713, il rétablit la communauté dans l'état où elle se trouvait avant la suppression faite en 1704; il la déchargeait même de la somme de 39,791 livres qu'elle restait lui devoir et aussi des 2 sols pour livre; il est vrai que les distillateurs-limonadiers se déclaraient absolument hors d'état de la payer.

L'édit ordonnait que, huitaine après son enregistrement, il fût procédé à l'élection de nouveaux jurés gardes de la communauté, par lesdits maîtres distillateurs anciens et nouveaux, en la forme anciennement pratiquée.

Voici comment il réglait la question des cent trente-huit privilèges vendus par Lescuyer ;

Voulons aussi que les marchands épiciers, maîtres, vinaigriers, particuliers sans qualité ou anciens maîtres de ladite communauté des limonadiers qui ont acquis des privilèges du nombre de cinq cents, créés par édit de 1706, soient tenus d'en représenter les quittances de finances aux jurez nouvellement élus, et ceux d'entre eux qui n'ont pas encore lesdites quittances de se pourvoir par devers ledit Lescuyer, à l'effet de la conversion de ses récépissés en quittance de finances, pour être ensuite les unes et les autres visées par lesdits jurez, et en être dressé un état qui sera remis au lieutenant général de police et de lui paraphé, afin que le montant desdites quittances demeure fixe : Ordonnons que jusqu'au remboursement de ce que les épiciers ou vinaigriers ont payé tant en principal que de deux sols pour livre sur les

*prix desdits privilèges, ils puissent les exercer librement, et
jouir de toutes les prérogatives qui leur sont attribuées
par leur édit de création et arrêts rendus en conséquence,
si mieux ils n'aiment que la communauté leur en fasse rente.
Ordonnons pareillement que les privilèges acquis par des
particuliers sans qualité, leur tiennent lieu de maîtrise, si
mieux ils n'aiment que la communauté leur fasse la rente
des sommes que lesdits privilèges leur ont coûté, tant en
principal que deux sols pour livre, jusqu'au parfait remboursement, et, quant aux anciens maîtres limonadiers-distillateurs qui ont acquis quelques-uns desdits privilèges, voulons
qu'ils les remettent incessamment entre les mains desdits
gardes-jurez nouvellement élus qui s'obligeront envers
chacun d'eux, au nom de la communauté, à leur payer la rente
des sommes principales et deux sols pour livres que leur ont
coûté lesdits privilèges, lesquels, en conséquence de ladite
obligation, seront rapportés au lieutenant général de police
et par lui bâtonnés.*

On comprend maintenant pourquoi le roi s'était montré
si bienveillant et pourquoi il avait fait si généreusement
remise à la communauté des quarante et quelques mille
livres qu'elle lui devait ; c'est qu'il gardait pour lui les
cent six mille huit cent soixante-quinze livres versées par
Lescuyer et la chargeait de les rembourser aux acquéreurs
de privilèges ou de leur en servir la rente ; en somme, la
seconde suppression de la communauté avait encore rapporté soixante mille livres environ, au Gouvernement sans
compter bien entendu ce qui était resté entre les mains du
traitant Lescuyer, environ quarante-cinq mille livres.

Les limonadiers se trouvaient donc endettés plus que
jamais ; il fallait bien les aider à se libérer ; dans ce but, on
les autorisa, sur leur demande, à faire payer par chacun
des maîtres de la communauté anciens ou nouveaux reçus
ou à recevoir, même ceux sans qualité à qui les privilèges

tenaient lieu de maîtrise, en sus des droits de visite, 10 sols chaque semaine. Cette redevance, dont l'emploi devait être justifié par les jurés devant le Lieutenant général de police, devait cesser seulement le jour où les dettes de la communauté seraient complètement acquittées tant en principal qu'intérêts et frais; elle devait être diminuée à proportion desdits paiements.

L'édit de septembre 1706 avait décidé que les limonadiers, marchands d'eau-de-vie des provinces, seraient tenus, comme ceux de Paris, d'acquérir des privilèges pour continuer l'exercice de leur profession en payant les sommes auxquelles lesdits privilèges seraient fixés par des rôles arrêtés dans le Conseil du roi, sur les avis des intendants et commissaires, et cela, dans les trois mois au plus tard, du jour de l'enregistrement de l'édit. Faute de ce faire, dans ledit délai, ils étaient forcés de fermer leurs boutiques, à peine de 300 livres d'amende et de confiscation de leurs marchandises. Le nouvel édit ne dérogeait pas à ces dispositions.

Pendant quelque temps, la communauté des distillateurs-limonadiers semble tranquille; elle se remet des secousses qui l'ont si violemment agitée, et travaille à payer ses dettes; elle réussit même à racheter quelques-uns des privilèges vendus par Lescuyer, ainsi qu'en témoigne un arrêt du Conseil du roi, du 21 avril 1733.

Elle continue aussi sa lutte contre les vinaigriers et les épiciers; le 22 août 1731, elle obtient du Parlement un arrêt interdisant aux premiers de vendre de l'eau-de-vie, à boire à table; elle en obtient un autre du Conseil du roi, le 8 septembre 1733, qui interdit aux épiciers de vendre des liqueurs composées d'eau-de-vie et d'esprit-de-vin, et des fruits confits à l'eau-de-vie, autrement qu'en pièces ou caisses contenant six douzaines de bouteilles au moins, sous corde et balle, et leur défend d'en débiter en bouteilles.

Mais leurs adversaires étaient aussi opiniâtres qu'eux, et le puissant corps des merciers vint à leur aide; grâce à cette intervention, le Parlement rendit, le 5 juillet 1738, un arrêt qui *maintenait les merciers-grossiers-jouailliers dans le droit de vendre en boutique et en gros toutes sortes d'eau-de-vie et de liqueurs composées et distillées, les épiciers dans le droit de vendre et de débiter de l'eau-de-vie, même d'en donner à boire, sans néanmoins, que les consommateurs puissent s'attabler, et aussi, dans le droit de vendre et débiter le caffé en fèves non brûlé, le thé en feuilles et le sorbet en pâte tant en gros qu'en détail, le caffé brûlé en grains et en poudre restant exclusivement aux limonadiers* [1]. *En outre, les épiciers pouvaient aussi fabriqueter et vendre le chocolat en tablettes, pains tourteaux et roulleaux, les pistaches et diablotins, enfin* — avantage considérable, — *ils conservaient la garde de l'étalon des poids et balances de Paris, ce qui leur donnait le droit d'aller, deux fois, par an, visiter les poids et balances des limonadiers, à raison de cinq sols par tête.*

Enfin, les jurés limonadiers ne pouvaient pas prendre le titre de maîtres et gardes.

Mais c'étaient là, il faut le reconnaître, des incidents d'une importance médiocre et qui se produisaient fréquemment sous le régime corporatif; malheureusement, les limonadiers allaient, de nouveau, avoir à subir les exigences du fisc. Le 15 octobre 1731, il leur fallut payer 12,620 livres pour le droit de confirmation qui aurait dû être exigé d'eux à l'avènement de Louis XV; n'oublions pas d'ajouter les 1,262 livres représentant les 2 sols pour livre; la somme n'était pas encore excessive; elle fut payée sans trop de difficulté; mais nous arrivons en 1745, au mois de février; le roi a besoin d'argent, il va créer de nouveaux offices. Il

---

1. Notons en passant, qu'il existait aussi des marchands de café ambulants, ainsi que le montre la figure 3.

MARCHAND DE CAFÉ AMBULANT

(*Cris de Paris*, par Bouchardon.)

s'agit, cette fois, de charges *d'inspecteurs et controlleurs des jurez*. Bien entendu, elles sont instituées dans le très grand intérêt des communautés : les gardes et les jurés montrent souvent de la négligence, quelques-uns, même, font preuve d'indélicatesse, il est indispensable d'exercer sur eux une surveillance active ; elle sera exercée par les nouveaux fonctionnaires qui, pour la communauté des distillateurs-limonadiers, sont au nombre de trente-cinq.

Les communautés comprennent ce que parler veut dire, et rachètent les nouveaux offices ; le roi consent à ce que les fonctions des *inspecteurs et controlleurs des jurez*, soient remplis par... *les jurez*. On ne se moque pas des gens avec plus de désinvolture. Les limonadiers font comme les autres et versent au roi la somme de 70,000 livres.

Pour les aider à s'acquitter de cette dette, ils sont auto-risés à recevoir vingt maîtres sans qualité, à la condition qu'ils fassent le chef-d'œuvre ordinaire et paient chacun 2,000 livres, non compris les droits de présence des anciens, modernes et jeunes, et les frais de lettres de maîtrise (arrêt du Conseil, 16 juin 1745). Cela ne faisait guère plus de la moitié de la somme qu'ils avaient à payer ; aussi, sur leurs réclamations, intervient un second arrêt du Conseil en date du 21 août suivant, qui leur permet de recevoir encore cinq maîtres sans qualité et ordonne *que pendant dix ans, à compter du 26 juillet 1747, aucun maître ne pourra admettre aucun apprenti à la profession de limo-nadier, à peine de nullité du brevet d'apprentissage et de 300 livres de dommages-intérêts contre le maître contre-venant ; les jurez qui auraient autorisé l'apprentissage seraient destitués et paieraient une amende de 400 livres ; les amendes applicables, moitié au profit des pauvres de la communauté et l'autre moitié au profit de la confrérie.*

C'est à peu près à cette époque que se place la fin des difficultés suscitées aux distillateurs-limonadiers par la Cour des Monnaies ; nous avons vu plus haut qu'elle avait eu la prétention de leur imposer des statuts et qu'elle avait été déboutée de ses prétentions ; cependant elle avait continué à recevoir des maîtres distillateurs en chimie ou en eau-forte qui formaient une sorte de corporation irrégulière. Pendant longtemps la communauté des distillateurs-limonadiers ne s'en préoccupa pas, mais, au commencement de 1699, des jurés plus actifs résolurent de faire trancher définitivement la question ; en conséquence, un sieur Tiercelin ayant été reçu maître distillateur, le 12 janvier, par la Cour des Monnaies, ils firent pratiquer une saisie dans sa boutique le 9 février suivant et l'assignèrent devant le procureur du roi au Châtelet pour voir déclarer la saisie bonne et valable, ordonner la confiscation et faire défense au sieur Tiercelin de s'ingérer dans la vente et distribution d'eau-de-vie, liqueurs, etc.

Mais la Cour des Monnaies intervint et revendiqua son droit d'accorder des lettres de maîtrise ; de son côté le Châtelet maintint sa compétence ; les sentences, les arrêts se multiplièrent, se croisant, se contredisant pendant plus de cinq années ; enfin les distillateurs obtinrent gain de cause ; un arrêt du Conseil du roi déclara mal fondées les prétentions de la Cour des Monnaies et renvoya les parties devant le Châtelet de Paris qui s'était déjà prononcé contre Tiercelin ; cependant l'arrêt faisait *défense expresse aux distillateurs-limonadiers de faire autre distillation que celle de l'eau-de-vie et de l'esprit de vin, sauf à être choisi entre eux le nombre nécessaire pour la distillation et confection des eaux-fortes, lesquels ne pourront y travailler qu'en vertu de permission de Sa Majesté, à peine de punition exemplaire.*

La Cour des Monnaies ne tint pas compte de cet arrêt et continua à délivrer des lettres de maîtrise aux distillateurs en chimie ; ceux-ci se constituèrent même en communauté

et élurent des jurés ; les épreuves par lesquelles passèrent
les distillateurs-limonadiers les empêchèrent de poursuivre
l'avantage qu'ils avaient obtenu et c'est seulement au bout
d'une quarantaine d'années qu'ils reprirent la lutte contre
les distillateurs en chimie et contre le procureur général en
la Cour des Monnaies qui défendait les intérêts de son
corps ; ils avaient, en revanche, l'appui du procureur du
roi au Châtelet et obtinrent, le 23 mai 1746, un nouvel
arrêt du Conseil du roi qui les *maintenait dans le droit et
possession de se dire et qualifier maîtres distillateurs d'eau-
de-vie et de toutes sortes de liqueurs et user de tous les
droits et privilèges appartenant à ladite profession ; faisait,
en outre, defenses à toutes personnes qui n'auraient été
reçues maîtres en ladite communauté, de s'immiscer dans
la dite profession et d'entreprendre sur les fonctions qui en
dépendent, ordonnait que la communauté, serait et demeu-
rerait entièrement soumise à la juridiction des officiers de
police du Châtelet pour tout ce qui regardait l'administration d'icelle, exercice et ouvrages de leur métier et profession
et l'exécution des statuts, arrêts et règlements faits à ce
sujet : Et quant à ce qui concerne l'art de distillation en
chimie, Sa Majesté,* continue l'arrêt, *veut et entend
qu'aucunes personnes de quelque condition et profession
qu'elles soient, excepté les médecins approuvés, et, dans le
lieu de leur résidence, les professeurs en chimie et les maîtres
apoticaires, ne puissent avoir aucun laboratoire, et y travailler à aucune préparation de drogues ou distillation,
sous prétexte de remèdes chimiques, expérience, secrets
particuliers, recherche de la pierre philosophale, conversion,
multiplication ou raffinement des métaux, confection de cris-
taux ou pierres de couleur, confections des eaux-fortes et
autres semblables prétextes, sans avoir auparavant obtenu
de Sa Majesté par lettre de son grand sceau la permission
d'avoir les dits laboratoires et de faire les dites opérations.*

Mais il était fait défense à ceux qui avaient obtenu ces lettres, de se dire et qualifier maîtres et d'entreprendre de former un corps de communauté sous quelque prétexte que ce pût être et à la Cour des Monnaies d'accorder aucunes lettres de maîtrise dudit art de distillation en chimie ; celles qui avaient été ci-devant accordées étaient déclarées de nul effet et non avenues.

Pour consoler un peu la Cour des Monnaies de son échec, on l'autorisait à faire des visites chez les distillateurs-limonadiers pour ce qui concernait les fourneaux et l'abus qui pourrait en être fait et c'est elle qui aurait à connaître des contraventions qui pourraient être relevées à ce sujet ; de plus, défense expresse était faite aux limonadiers de s'immiscer directement ou indirectement dans aucunes des opérations appartenant à l'art de la chimie ; ils devaient même renoncer à leur métier, s'ils voulaient obtenir des lettres de privilège pour exercer le dit art.

Enfin l'arrêt autorisait ceux qui avaient été reçus maîtres distillateurs en chimie en la Cour des Monnaies à se faire recevoir, dans les trois mois, maîtres de la communauté des distillateurs-limonadiers, sans payer aucuns frais ni faire de chef-d'œuvre.

C'était encore une concession faite au préjudice de cette malheureuse communauté ; mais il faut reconnaître qu'à partir de cette époque, la Cour des Monnaies abandonna définitivement les prétentions qu'elle avait soutenues durant de si longues années et avec tant de persévérance.

En 1750, nouveau procès avec les marchands épiciers ; le 6 mai intervient un arrêt du Parlement portant que celui du 5 juillet 1738 *sera exécuté selon sa forme et teneur, qu'il sera en conséquence permis aux marchands épiciers et apoticaires épiciers de vendre et débiter des liqueurs chaudes, celles composées d'eau-de-vie, d'esprit de vin et fruits confits à l'eau-de-vie, tant en gros qu'en bouteilles de toutes mesures et continences, pourvu que lesdites bouteilles soient pleines, entières et coëffées et non autrement. Fait défenses aux épiciers et apoticaires-épiciers d'avoir dans leurs boutiques et arrière-boutiques aucuns tonneaux et vaisseaux en vidange quant aux liqueurs dont le débit en détail appartient aux limonadiers, permet cependant auxdits épiciers et apoticaires-épiciers de distiller et dépoter dans leurs arrière-boutiques les liqueurs dont le débit leur est permis, et les transvaser dans des bouteilles de toutes mesures et continences, qu'ils tiendront coëffées, sans que cependant sous ce prétexte ni tel autre que ce puisse être, ils donnent à boire desdites liqueurs, à peine de saisie, confiscation, 20 livres d'amende, dépens, dommages et intérêts. Comme aussi fait défense auxdits épiciers et apoticaires-épiciers de vendre et débiter du caffé brûlé et en poudre, mais seulement en fèves, et enfin sur la demande des marchands épiciers et apoticaires-épiciers, défend aux jurez-limonadiers d'aller en visite chez les épiciers sans se faire assister des maîtres et gardes du corps de l'épicerie.*

Cependant un autre arrêt du Parlement du 10 février 1751, confirmant une ordonnance de police du 21 novembre 1750, rapporte immédiatement cette dernière prescription, car il autorise les jurés limonadiers, moyennant l'assistance d'un commissaire requis par eux, à se transporter chez les marchands épiciers et à faire procéder, même les dimanches et fêtes, lorsqu'il sera nécessaire, à la saisie et enlèvement en leur bureau de ce qui sera trouvé en contravention aux statuts et règlements de leur communauté ; et, en cas de refus d'ouverture de portes, armoires, magasins et autres lieux, leur permet de les faire ouvrir par un serrurier en présence du commissaire et de deux voisins en la matière accoutumée. En outre, un arrêt du 1er juillet 1752 indique que les bouteilles de liqueurs détenues par les épiciers devront être bouchées d'un bouchon de liège, coëffées d'un morceau de parchemin et scellées.

Les épiciers, pour prendre leur revanche, contestent aux limonadiers le droit de vendre des dragées et pastilles ; mais leur prétention est repoussée par deux sentences de police des 23 avril et 7 septembre 1753 qui leur défend de renouveler les saisies qu'il avaient pratiquées et les condamne aux dépens.

Tous ces procès ne laissaient pas de créer quelque animosité entre les communautés rivales ; les épiciers étaient surtout exaspérés par le droit de visite accordé à leurs adversaires et ils manifestaient leur sentiment d'une manière un peu trop vive ; nous en trouvons la preuve dans une sentence de police du 28 février 1744, qui valide la saisie faite sur un marchand épicier, nommé Claude Prévôt, trouvé en contravention et le condamne en outre à 200 livres de dommages-intérêts et aux dépens pour avoir injurié les jurés limonadiers.

La même sentence fait défense aux autres épiciers d'injurier les limonadiers ; si la défense est faite, c'est qu'elle était nécessaire.

Nous n'étonnerons pas nos lecteurs en leur disant que les distillateurs-limonadiers avaient aussi à lutter contre le fisc ; nous ne donnerons qu'un exemple. En 1759, maître Henriette, adjudicataire des fermes unies de France, obtint du Conseil du roi un arrêt portant *que toutes les boissons et liqueurs dans lesquelles il entrait des eaux-de-vie simples ou même de l'esprit de vin seraient sujettes aux mêmes droits que lesdits eaux-de-vie et esprit de vin aux déductions des quantités que les marchands détailleurs tireraient de leurs charges pour les ratafias qu'ils façonneraient dont déclaration serait faite et dont la composition ne pourrait se faire qu'en la présence des commis ou eux dûment appelés ; le même arrêt imposait aux distillateurs l'exercice sur leurs ratafias qui, à cet effet, devaient être tenus dans des vaisseaux susceptibles de l'empreinte de la rouane.*

Les distillateurs de Paris réclamèrent et ils obtinrent de la Cour des Aides deux arrêts; l'un du 19 décembre 1759, l'autre du 19 août 1760, qui déclarait les prétentions de maître Henriette mal fondées. Leurs confrères de province obtinrent également justice, mais moins facilement; c'est ainsi que la Cour des Aides de Normandie ne rejeta les demandes du fisc que par un arrêt du 5 août 1766.

Les commis n'étaient pas, paraît-il, beaucoup plus délicats que les fermiers; ils tâchaient aussi d'exploiter le plus possible, les malheureux contribuables; c'est ainsi qu'en 1718, il fallut régler la dégustation dont ils étaient chargés; le texte même de l'ordonnance indique assez clairement les abus qui se commettaient.

Les boissons seront goûtées pour vérifier s'il n'est pas déclaré de vin alors que c'est de l'eau-de-vie. La dégustation sera faite dans des tasses avec modération et, si les commis la font dans des cruches en tirant de la liqueur plus qu'il n'en faut pour la dégustation, non seulement ils seront révoqués, mais il sera encore procédé contre eux extraordinairement.

Pendant quelques années, la communauté des distillateurs semble enfin jouir d'une tranquillité qu'elle a bien gagnée par les dures épreuves qu'elle a traversées; mais elle allait bientôt, comme toutes les autres corporations, disparaître devant le progrès des idées nouvelles. En 1774, Turgot fut nommé contrôleur général des finances; c'était un grand économiste, imbu des principes de liberté et l'adversaire résolu de tous les privilèges. En arrivant au pouvoir, il s'était promis de rendre le travail libre et de supprimer les corporations; il obtint, quoique non sans peine, l'assentiment du roi Louis XVI et, au mois de février 1776, il faisait paraître un édit qui supprimait tous les corps et communautés d'arts et métiers et qu'il avait mis deux mois entiers à rédiger.

Nous devons à tous nos sujets, y était-il dit, *de leur assurer la jouissance pleine et entière de leurs droits. Nous devons surtout cette protection à cette classe d'hommes qui, n'ayant de propriété que leur travail et leur industrie, ont d'autant plus le besoin et le droit d'employer dans toute leur étendue les seules ressources qu'ils aient pour subsister.*

Nous avons vu avec peine les atteintes multipliées qu'ont données à ce droit naturel et commun, des institutions, anciennes, à la vérité, mais que ni le temps, ni l'opinion, ni les actes mêmes émanés de l'autorité qui semble les avoir consacrées, n'ont pu légitimer.

Après cette entrée en matière, Turgot expose, de la façon la plus nette et la plus incisive, les vices du système corporatif et ses tristes résultats :

Dans presque toutes les villes de notre royaume, l'exercice des différents arts et métiers est concentré entre les mains d'un petit nombre de maîtres réunis en communautés, qui peuvent seuls, à l'exclusion de tous les autres citoyens, fabriquer ou vendre les objets du commerce particulier dont ils ont le privilège exclusif; en sorte que ceux de nos sujets qui, par goût ou par nécessité, se destinent à l'exercice des arts et métiers, ne peuvent y parvenir qu'en acquérant la maîtrise, à laquelle ils ne sont reçus qu'après des épreuves aussi longues et aussi nuisibles que superflues, et après avoir satisfait à des droits et à des exactions multipliées, par lesquelles une partie des fonds dont ils auraient eu besoin pour monter leur commerce ou leur atelier, ou même pour subsister, se trouve consommée en pure perte. Ceux dont la fortune ne peut suffire à ces pertes sont réduits à n'avoir qu'une existence précaire sous l'empire des maîtres, à languir dans l'indigence ou à porter hors de leur patrie une industrie qu'ils auraient pu rendre utile à l'Etat...

TURGOT.

La source du mal est dans la faculté même accordée aux artisans d'un même métier de s'assembler et de se réunir en un corps.

Il paraît que, lorsque les villes commencèrent à s'affranchir de la servitude féodale, la facilité de classer les citoyens par le moyen de leur profession, introduisit cet usage inconnu jusqu'alors [1]. *Les différentes professions devinrent ainsi comme autant de communautés particulières dont la communauté générale était composée.*

Les communautés une fois formées rédigèrent des statuts et, sous différents prétextes du bien public, les firent autoriser par la police.

La base de ces statuts est d'abord d'exclure du droit d'exercer le métier quiconque n'est pas membre de la communauté : leur esprit général est de restreindre le plus qu'il est possible le nombre des maîtres, de rendre l'acquisition de la maîtrise presque insurmontable pour tout autre que pour les enfants des maîtres actuels. C'est à ce but que sont dirigées la multiplicité des frais et des formalités de réception, les difficultés du chef-d'œuvre, toujours jugé arbitrairement, surtout la cherté et la longueur des apprentissages, et la servitude prolongée du compagnonnage, institutions qui ont encore l'objet de faire jouir les maîtres gratuitement, pendant plusieurs années, du travail des aspirants.

Les communautés s'occupèrent surtout d'écarter de leur territoire les marchandises et les ouvrages des forains ; des règlements furent faits dans ce but et donnèrent aux officiers des communautés une autorité qui leur permit d'assujettir les maîtres eux-mêmes et de les forcer à se rendre complices de toutes les manœuvres inspirées par l'esprit de monopole qui va jusqu'à exclure les femmes des métiers les plus convenables à leur sexe, tels que la broderie, qu'elles ne peuvent exercer pour leur propre compte.

---

[1]. Nous avons vu précédemment que, contrairement à cette assertion, les communautés ont une origine beaucoup plus ancienne.

Puis Turgot répondait à ceux qui prétendaient que la suppression des corporations abaisserait la qualité des marchandises et troublerait profondément le commerce par l'intrusion d'une foule de nouveaux venus :

Ceux qui emploient dans un commerce leurs capitaux, disait-il, *ont le plus grand intérêt à ne confier leurs matières qu'à de bons ouvriers et l'on ne doit pas craindre qu'ils en prennent au hasard de mauvais qui gâteraient la marchandise et rebuteraient les acheteurs. On doit présumer aussi que les maîtres ne mettront pas leur fortune dans un commerce qu'ils ne connaîtraient point assez pour être en état de choisir de bons ouvriers et surveiller leur travail. Nous ne craindrons donc point que la suppression des apprentissages, des compagnonnages et des chefs-d'œuvre expose le public à être mal servi. Dans les lieux où le commerce est le plus libre, le nombre des marchands et des ouvriers de tout genre est toujours limité et nécessairement proportionné aux besoins, c'est-à-dire à la consommation. Il ne passera point cette proportion dans les lieux où la liberté sera rendue; aucun nouveau maître ne voudrait risquer sa fortune en sacrifiant ses capitaux à un établissement dont le succès pourrait être douteux et où il aurait à craindre la concurrence de tous les maîtres actuellement établis et jouissant de l'avantage d'un commerce monté et achalandé.*

Les maîtres qui composent actuellement les communautés, en perdant le droit exclusif qu'ils ont comme vendeurs, gagneront comme acheteurs à la suppression du privilège exclusif de toutes les autres communautés ; les artisans y gagneront l'avantage de ne plus dépendre, dans la fabrication de leurs ouvrages, des maîtres de plusieurs autres communautés, dont chacune réclamait le privilège de fournir quelques pièces indispensables; les marchands y gagneront de pouvoir vendre tous les assortiments accessoires à leur principal commerce. Les uns et les autres y gagneront surtout de ne plus être dans la dépendance des chefs et officiers de leur communauté, de n'avoir plus à leur payer des droits de visite fréquents, d'être affranchis d'une foule de contributions pour des dépenses inutiles ou nuisibles, frais de cérémonie, de repas, d'assemblées et de procès aussi frivoles par leur objet que ruineux par leur multiplicité.

Turgot reconnaissait la part de responsabilité qui in-combait au Gouvernement dans le développement du sys-tème des communautés et dans les abus qui en étaient résultés.

Le Gouvernement, dit-il, s'accoutuma à se faire une ressource de finance des taxes imposées sur ces communautés et de la multiplication de leurs privilèges.

. . . .

La finance a cherché de plus en plus à étendre les ressources qu'elle trouvait dans l'existence de ces corps. Indépendamment des taxes des établissements de communautés et de maîtrises nouvelles, on a créé dans les communautés des offices sous différentes dénominations et on les a obligées de racheter ces offices au moyen d'emprunts qu'elles ont été autorisées à contracter et dont elles ont payé les intérêts avec le produit des droits qui leur ont été aliénés.

C'est sans doute l'appât de ces moyens de finance qui a prolongé l'illusion sur le préjudice immense que l'existence des communautés cause à l'industrie et sur l'atteinte qu'elle porte au droit naturel.

Cette illusion a été portée chez quelques personnes jusqu'au point d'avancer que le droit de travailler était un droit royal que le prince pouvait vendre et que les sujets devaient acheter.

Nous nous hâtons de rejeter une pareille maxime.

Dieu en donnant à l'homme des besoins, en lui rendant nécessaire la ressource du travail, a fait du droit de travailler la propriété de tout homme, et cette propriété est la première, la plus sacrée et la plus imprescriptible de toutes.

Voilà certes un beau et noble langage digne d'un véritable homme d'Etat et Turgot poursuit avec la même force d'expression, avec la même éloquence :

Nous regardons comme un des premiers devoirs de notre justice et comme un des actes les plus dignes de notre bienfaisance, d'affranchir nos sujets de toutes les atteintes portées à ce droit inaliénable de l'humanité. Nous voulons, en conséquence, abroger ces institutions arbitraires qui ne permettent pas à l'indigent de vivre de son travail, qui repoussent un sexe à qui sa faiblesse a donné plus de besoins et moins de ressources, et semblent, en les condamnant à une misère inévitable, seconder la séduction et la débauche ; qui éloignent l'émulation et l'industrie et rendent inutiles les talents de ceux que les circonstances excluent de l'entrée d'une communauté; qui privent l'Etat et les arts de toutes les lumières que les étrangers y apporteraient, qui retardent le progrès des arts par les difficultés multipliées que rencontrent les inventeurs auxquels certaines communautés disputent le droit d'exécuter des découvertes qu'elles n'ont point faites; qui, par les frais immenses que les artisans sont obligés de payer pour obtenir la faculté de travailler, par les exactions de toute espèce qu'ils essuient, par les saisies multipliées pour de prétendues contraventions, par les dépenses et les dissipations de tout genre, par les procès interminables qu'occasionnent entre toutes ces communautés leurs prétentions respectives sur l'étendue de leurs droits exclusifs, surchargent l'industrie d'un impôt énorme, onéreux aux sujets, sans aucun fruit pour l'Etat; qui, enfin par la facilité qu'elle donne aux membres des communautés de se liguer entre eux, de forcer les plus pauvres à subir la loi des riches, deviennent un instrument de monopole, et favorisent des manœuvres dont l'effet est de hausser, au-dessus des proportions naturelles, les denrées les plus nécessaires à la subsistance du peuple.

On ne pouvait mieux dire ; mais il y avait un obstacle à la suppression des communautés, c'était leur situation obérée que nous avons déjà signalée à plusieurs reprises et qui résultait surtout des exactions commises à leur égard sous les règnes précédents.

Turgot envisageait résolument ce côté délicat de la question qu'il s'était proposé de résoudre.

En supprimant ces communautés, disait-il, *pour l'avantage général de nos sujets, nous devons à ceux de leurs créanciers légitimes qui ont contracté avec elles sur la foi de leur existence autorisée, de pourvoir à la sûreté de leurs créances.*

Les dettes des communautés sont de deux classes, les unes ont eu pour cause les emprunts faits par les communautés, dont les fonds ont été versés dans notre Trésor royal, pour l'acquisition d'offices créés qu'elles ont réunis. Les autres ont pour cause les emprunts qu'elles ont été autorisées à faire pour subvenir à leurs propres dépenses de tout genre.

Disons en passant que cette seconde classe était de beaucoup la moins importante et qu'elle provenait surtout des dépenses faites pour soutenir les procès si fréquents et si coûteux résultant de la délimitation imparfaite des attributions respectives de chaque communauté ; nous en avons déjà cité de nombreux exemples. Mais continuons l'analyse de l'édit de 1776 :

Les gages attribués à ces offices [1] *et les droits que les communautés ont été autorisées à lever, ont été affectés jusqu'ici au paiement des intérêts des dettes de la première classe, et même en partie au remboursement des capitaux. Il continuera d'être fait fonds des mêmes gages dans nos Etats et les mêmes droits continueront d'être levés en notre nom pour*

---

1. Chaque fois que des offices avaient été créés, le roi avait fixé les gages que recevraient ceux qui en seraient pourvus et, par suite de chaque réunion, ces gages étaient payés aux corporations qui en avaient effectué le rachat.

être affectés au paiement des intérêts et capitaux de ces dettes jusqu'à parfait remboursement. La partie de ces revenus qui était employée par les communautés à leurs propres dépenses, se trouvant libre, servira à augmenter les fonds d'amortissement que nous destinerons au remboursement des capitaux.

A l'égard des dettes de la seconde classe, nous nous sommes assurés, par le compte que nous nous sommes fait rendre de la situation des communautés de notre bonne ville de Paris, que les fonds qui sont en caisse ou qui leur sont dus, et les effets qui leur appartiennent et que leur suppression mettra dans le cas de vendre, suffiront pour éteindre la totalité de ce qui reste à payer de ces dettes; et, s'ils ne suffisaient pas, nous y pourvoirons.

Après cet exposé de motifs, venait l'édit lui-même; nous n'en indiquerons que les dispositions principales et essentielles :

Art. I. *Il sera libre à toutes personnes, de quelque qualité et condition qu'elles soient, encore qu'elles n'eussent point obtenu de nous de lettres de naturalité, d'embrasser et d'exercer dans tout notre royaume, et notamment dans notre bonne ville de Paris, telle espèce de commerce et telle profession d'arts et métiers que bon leur semblera, même d'en réunir plusieurs; à l'effet de quoi nous avons éteint et supprimé, éteignons et supprimons tous les corps de communautés de marchands et artisans, ainsi que les maîtrises et jurandes, abrogeons tous privilèges, statuts et règlements donnés auxdits corps et communautés.*

Art. II. *Et néanmoins seront tenus ceux qui voudraient exercer lesdites professions ou commerces, d'en faire préalablement leur déclaration devant le lieutenant général de police, laquelle sera inscrite sur un livre à ce destiné, et contiendra leurs noms, surnoms et demeures, le genre de commerce et de métier qu'ils se proposent d'entreprendre*

*et, en cas de changement de demeure ou de profession, de
cessation de commerce ou de travail, lesdits marchands et
artisans seront également tenus d'en faire leur déclaration
sur ledit registre, le tout sans frais, à peine, contre ceux
qui exerceraient sans avoir fait la déclaration, de saisie
et confiscation des marchandises, et de cinquante livres
d'amende.*

Les maîtres en exercice n'étaient sujets à la déclaration
qu'en cas de l'un des changements précités; les marchands
en gros n'étaient astreints à aucune formalité.

Les articles 4 et 5 laissaient provisoirement subsister les
communautés des pharmaciens, des orfèvres, des imprimeurs et libraires et des barbiers-perruquiers étuvistes.

L'article 10 portait qu'il serait constitué, dans chaque
quartier des villes, des arrondissements, dans chacun desquels il serait élu tous les ans un syndic et deux adjoints
pour veiller sur les commerçants et artisans et en rendre
compte au lieutenant de police.

L'article 14 supprimait toutes les confréries.

Cette réforme rencontra une vive opposition aussi bien
que la suppression de la corvée; des mémoires nombreux
furent publiés pour l'attaquer; dans l'un, dû à un avocat
nommé Lacroix, il était dit que *Louis XVI était comme
un enfant qui, faute d'expérience, se laisse séduire par l'at-
trait de la nouveauté et détruit par légèreté les effets de la
prudence consommée de ses ancêtres, et que la liberté dans
les arts et métiers était un mal auquel les prédécesseurs du
roi s'étaient toujours efforcé de remédier.*

Le même avocat avait exercé sa plume en faveur de plusieurs communautés, entre autres de celle des couturières
dont la suppression devait, suivant lui, porter aux mœurs
un coup qui achèverait de les perdre. *Les mains grossières
de l'homme,* s'écriait-il, *presseront la taille délicate de la
femme, pour en prendre la mesure et la couvrir des plus*

*riches vêtements; la pudeur sera forcée de subir l'œil
curieux qui prolongera ses observations sous le prétexte
d'une exactitude plus scrupuleuse... Non — le souverain
n'autorisera point des femmes à habiller des hommes ni des
hommes à couvrir la nudité des femmes.*

Cette indignation était d'autant plus ridicule qu'il existait
depuis longtemps déjà des tailleurs pour dames auxquels
toutes les élégantes donnaient la préférence.

Linguet, qui avait attaqué violemment les communautés
quelques années auparavant, écrivit plusieurs mémoires
en leur faveur ; il en est un si curieux que nous ne pouvons
résister au plaisir d'en citer deux passages ; il était fait en
faveur des lingères et débutait ainsi :

*Dans un moment où toutes les communautés d'hommes
s'agitent, parlent, pour éviter leur destruction, on n'exigera
sans doute pas d'une communauté de femmes, menacée de la
même catastrophe, qu'elle se taise...*

*Après les crises de l'invasion des Anglais, Charles VII
regarda la conservation des lingères comme une de ses plus
importantes, de ses plus salutaires opérations...*

*Les maîtresses lingères sont les gardiennes de la vertu
des jeunes filles qui veulent réellement s'occuper des travaux
propres à leur sexe. Qui remplacera ces sentinelles vigi-
lantes, incorruptibles, dès qu'une loi aura ouvert un large
passage à l'indépendance et à son triste cortège? Leurs
magasins aujourd'hui sont distingués par un extérieur mo-
deste et favorable à la sagesse. Les rayons chargés d'objets
utiles y sont autant de leçons d'économie; on n'y voit point
d'autres ornements que l'ordre et la propreté. Parées des
seules grâces de la nature, les physionomies qu'on y
remarque n'y sont animées que d'un empressement décent.
Leur pudeur ingénue intimiderait une curiosité frivole. Ne
verra-t-on pas s'élever sur leurs débris des boutiques brillantes qui sembleront appeler les spectateurs plus que les*

acheteurs, où les attributs du plaisir éclipseront ceux du tra-
vail, où le commerce se fera plus avec les yeux qu'avec la
bouche ; parades dangereuses où le vice ne se masquera sous
les apparences de l'industrie que pour déguiser le scandale
et s'assurer l'impunité.

Les communautés cherchaient à défendre les privilèges
dont elles jouissaient ; les avocats essayaient de trouver des
arguments plus ou moins bons pour défendre les intérêts de
leurs clients ; c'était très naturel ; ils étaient les uns et les
autres dans leur rôle ; mais que penser de l'opposition
furieuse du Parlement qui refusa d'enregistrer les deux édits
qui supprimaient la corvée et les communautés, et qui
adressa au roi, à ce sujet, des remontrances passionnées ?

Cette attitude était d'autant plus singulière, qu'en 1581,
il avait combattu lui-même un édit de Henri III parce qu'il
consacrait le principe des communautés.

Les jurandes, disait le Parlement dans ses remontrances,
présentaient deux avantages qu'il est difficile de leur refuser :
une police plus facile dans la capitale et une sûreté plus
grande dans le commerce.

Quelle sera l'autorité des maîtres quand leurs ouvriers,
toujours indépendants, toujours libres de s'élever à côté
d'eux, pourront sans cesse s'échapper de leurs mains ? Un
apprentif, à peine initié dans les premiers principes de son
art, dédaignera les avis de son maître, parce qu'il comp-
tera assez sur son activité et sur ses talents pour travailler
pour son compte. Qui le suivra dans les détails de sa vie
domestique ? Qui répondra de lui à la police ?

Que cette réflexion, Sire, devient effrayante quand on
l'applique à ces êtres nés pour le trouble des sociétés, chez
qui les passions, moins domptées par l'éducation, joignent à
l'énergie brute de la nature cette activité qu'elles ac-
quièrent au milieu de la licence des villes !

Quelle police pouvait être plus douce que celle des ju-

*randes? Les ouvriers étaient inspectés par leurs maîtres,
les maîtres par des jurez qu'ils s'étaient choisis.*

*Puisque les loix punissent la mauvaise foi, elles se contra-
rient si elles la favorisent ; où désormais sera-t-on à l'abri
de ses pièges ? Le citoyen toujours alarmé autour de lui
craindra d'être trompé ou dans les marchandises ou dans
les façons. L'or faux sera mélangé avec le vrai, les étoffes
n'auront ni les largeurs ni les qualités requises. Sans inspecteurs qui les vérifient, sans surveillants qui les exa-
minent, les loix répondront à celui qui se plaindra, que
l'industrie étant ouverte à tous les hommes, il peut changer d'ouvriers, s'il est mécontent des siens. Il faudra qu'il
cède ou qu'il essuie les longueurs d'un procès dispendieux.*

Le Parlement se déclarait résolument en faveur des privilèges :

*Qui maintient, disait-il, les familles dans l'état primitif
de leurs pères? Les privilèges. Comment se sont formées ces
souches anciennes et fécondes qui, sorties du commerce, se
sont partagées depuis dans tous les états de la société ? Par
ces mêmes privilèges.*

Toutes ces raisons sont bien faibles; mais il est juste de
convenir qu'il y en avait de plus sérieuses dans les remontrances ; voici, par exemple ce qui était dit de l'avantage
prétendu que les femmes retiraient de la liberté nouvelle :

*Si l'industrie des femmes, resserrée dans des bornes plus
étroites, semble ne leur laisser d'alternative que la misère ou
l'opprobre, le mal tient-il tant à l'injustice des privilèges
qu'à cette dissolution inséparable des grandes villes ? N'ont-
elles pas des communautés qui leur appartiennent exclusivement ? Il était peut-être des moyens d'encourager leur
vertu en leur offrant plus de ressource contre l'indigence ;
mais eussent-ils fait cesser la disproportion excessive qui se*

trouve entre le nombre des bras et le nombre des emplois ?
La liberté les rendra-t-elles plus propres à des arts auxquels
leur faiblesse se refuse ?

Ces observations sont très justes et, depuis plus de cent
ans que les communautés sont supprimées, la condition des
femmes qui cherchent leurs moyens d'existence dans le
travail, ne s'est pas améliorée vraiment d'une manière bien
sensible.

Le Parlement avait encore raison en faisant remarquer
que l'on commettait une injustice en privant les maîtres en
exercice de privilèges qu'ils avaient acquis sur la foi des
lois les plus anciennes.

Un autre argument dont la justesse ne s'est malheureusement que trop vérifiée, était le suivant :

Le système des communautés a l'avantage d'attacher le
cultivateur à la glèbe et de ralentir ces émigrations prodi-
gieuses qui se portent vers les villes. Les habitants des
campagnes, aujourd'hui séduits par l'espérance d'un petit
négoce, ou détournés par des spéculations trompeuses, y
afflueront encore davantage. Les marchands forains, de
leur côté, attirés toujours où il y a plus de débit, laisseront
languir le commerce intérieur des provinces pour augmenter
la foule des marchands de la capitale.

Ces mêmes privilèges qui forment déjà un rempart contre
l'infidélité et la fraude, en sont un encore contre l'appau-
vrissement et la désertion des campagnes.

En terminant ses remontrances, le Parlement s'adressait
au cœur du monarque :

C'est à cette humanité si tendre qui caractérise toutes les
actions de Votre Majesté que votre Parlement ose adres-
ser ses supplications.
Elle vous fléchira en faveur de ces six corps, la source

*des familles les plus pures de la bourgeoisie ; ces corps qui,
dans les crises de l'administration, ont offert avec tant de
désintéressement des secours dont ils se croyaient payés
puisqu'ils étaient utiles à la patrie.*

*Qu'on ne s'y trompe point, Sire ; ces efforts généreux
tiennent aux principes mêmes des corporations. Le zèle est
froid quand il est isolé ; il se transmet dans les corps avec
l'esprit qui leur est propre et se communique par l'exemple.*

Ces remontrances furent remises au roi avec celles qui
étaient formulées contre la suppression de la corvée et contre
celle des offices sur les ports, quais, halles, marchés et
chantiers de Paris.

Pour mettre fin à cette résistance, Louis XVI tint un lit
de justice, le 12 mars 1776, à Versailles, dans la grande
salle des gardes du corps du roi, pour faire enregistrer les
trois édits en sa présence.

Le garde des sceaux, Hue de Miroménil, fit connaître
les volontés royales ; voici ce qu'il disait sur la suppression
des jurandes :

*Le roi a reconnu que les communautés, en favorisant un
certain nombre de particuliers privilégiés, étaient nuisibles
à la plus grande partie de ses sujets. Elle a pris la résolution
de les supprimer, de rétablir tout dans l'ordre naturel et de
laisser à chacun la liberté de faire valoir tous les talents dont
la Providence l'aura pourvu. A l'ombre de cette loi salutaire,
les commerçants réuniront tous les genres de moyens dans lesquels leur industrie les rendra le plus capables de conserver et
d'augmenter leur fortune, et d'assurer le sort de leurs enfants.
Les artisans auront la faculté d'exercer toutes les professions
auxquelles ils seront propres, sans être exposés à se voir
troubler dans leurs travaux, épuisés par des contestations rui-
neuses, et cruellement privés du secours de ces instruments
sans le secours desquels ils ne peuvent avoir leur subsistance
ni pourvoir à celle de leurs femmes et de leurs enfants.*

Le premier président répondit sur un ton tragique: *Si le roi*, disait-il, *daigne jeter ses yeux sur le peuple, il verra le peuple consterné. S'il les porte sur la capitale, il verra la capitale en alarmes. S'il les tourne vers la noblesse, il verra la noblesse plongée dans l'affliction.*

Et voici comment il s'exprimait spécialement à propos des jurandes: *L'édit de suppression des jurandes rompt au même instant tous les liens de l'ordre établi pour les professions de commerçants et d'artisans. Il laisse sans règle et sans frein une jeunesse turbulente et licencieuse qui, contenue à peine par la police publique, par la discipline intérieure des communautés et par l'autorité domestique des maîtres sur les compagnons, est capable de se porter à toutes sortes d'excès, lorsqu'elle ne se verra plus surveillée d'aussi près et qu'elle se croira indépendante.*

Antoine-Louis Séguier, avocat du roi, l'un des magistrats les plus distingués de cette époque, fut plus long et plus habile:

Les communautés de marchands et artisans, disait-il, *font une portion de ce tout inséparable qui contribue à la police générale du royaume, elles sont devenues nécessaires et, pour nous renfermer dans ce seul objet, la loi a érigé des corps de communautés, a créé des jurandes, a établi des règlements, parce que l'indépendance est un vice dans la constitution politique, parce que l'homme est toujours tenté d'abuser de la liberté. Elle a voulu prévenir les fraudes en tout genre, et remédier à tous les abus. La loi veille également sur l'intérêt de celui qui vend et sur l'intérêt de celui qui achète; elle entretient une confiance réciproque entre l'un et l'autre; c'est, pour ainsi dire, sous le sceau de la foi publique que le commerçant étale sa marchandise aux yeux de l'acquéreur et que l'acquéreur la reçoit avec sécurité des mains du commerçant.*

Les communautés peuvent être considérées comme autant

*de petites républiques, uniquement occupées de l'intérêt
général de tous les membres qui les composent ; et, s'il est
vrai que l'intérêt général se forme de la réunion des
intérêts particuliers, il est également vrai que chaque
membre, en travaillant à son utilité personnelle, travaille
nécessairement, même sans le vouloir, à l'utilité véritable
de toute la communauté. Relâcher les ressorts qui font
mouvoir cette multitude de corps différents, anéantir les
jurandes, abolir les règlements, en un mot, désunir les
membres de toutes les communautés, c'est détruire les
ressources de toute espèce que le commerce lui-même doit
désirer pour sa propre conservation.*

. . . .

*Le but qu'on a proposé à Votre Majesté est d'étendre et
multiplier le commerce en le délivrant des gênes, des
entraves, des prohibitions introduites, dit-on, par le régime
réglementaire. Nous osons avancer à Sa Majesté les pro-
positions diamétralement contraires : ce sont ces gênes, ces
entraves, ces prohibitions qui font la gloire, la sûreté,
l'immensité du commerce de la France.*

Séguier s'efforçait de démontrer le bien-fondé de cette
affirmation quelque peu téméraire et s'étendait longuement
sur ce point : puis il arrivait à un argument sérieux dont
nous avons déjà parlé.

*Donner à tous vos sujets indistinctement la faculté de
tenir magasins et d'ouvrir boutique, c'est violer la propriété
des maîtres qui composent les communautés. La maîtrise,
en effet, est une propriété réelle qu'ils ont achetée et dont ils
jouissent sous la foi des règlements : ils vont la perdre du
moment qu'ils partageront le même privilège avec tous ceux
qui voudront entreprendre le même trafic sans en avoir le
droit, aux dépens d'une partie de leur patrimoine ou de leur
fortune, et cependant le prix d'une grande portion de ces
maîtrises, telles que celles qui ont été créées en différents*

*temps, a été porté directement dans le trésor royal et, si
l'autre portion a été versée dans la caisse des communautés,
elle a été employée à rembourser les emprunts qu'elles ont
été obligées de faire pour les besoins de l'Etat.*

Cette objection, nous l'avons dit, était très juste et nous
verrons qu'il en fut tenu compte en 1791, lors de la suppression définitive des communautés.

Séguier reconnaissait que, s'il était sage de maintenir les
communautés, il serait opportun de les réformer et il indiquait comment il fallait s'y prendre :

*Il serait utile, il est même indispensable d'en diminuer le
nombre. Il en est dont l'objet est si médiocre que la liberté
la plus entière y devient en quelque sorte une nécessité.
Qu'est-il nécessaire, par exemple, que les bouquetières
fassent un corps assujetti à des règlements ? Qu'est-il besoin
de statuts pour vendre des fleurs et en former un bouquet ?
La liberté ne doit-elle pas être l'essence de cette profession ?
Où serait le mal quand on supprimerait les fruitières ? Ne
doit-il pas être libre à toute personne de vendre les denrées
de toute espèce qui ont toujours formé le premier aliment de
l'humanité ?*

*Il en est d'autres qu'on pourrait réunir comme les tailleurs
et les fripiers, les menuisiers et les ébénistes, les selliers et
les charrons, les traiteurs et les rôtisseurs, les boulangers et
les pâtissiers ; en un mot, tous les arts et métiers qui ont une
analogie entre eux ou dont les ouvrages ne sont parfaits
qu'après avoir passé par les mains de plusieurs ouvriers.*

*Il en est enfin où l'on devrait admettre les femmes à la
maîtrise, telles que les brodeuses, les marchandes de modes,
les coiffeuses : ce serait préparer un asile à la vertu que le
besoin conduit souvent au désordre et au libertinage. En
diminuant ainsi le nombre des corps, Votre Majesté assu-
rerait un état solide à tous ses sujets et ce serait un moyen
sûr et certain de leur ôter à tous mille prétextes de se ruiner*

en frais et de les multiplier avec un acharnement que l'intérêt peut seul entretenir ; et si, après l'acquittement des dettes des communautés, Votre Majesté supprimait tous les frais de réception généralement quelconques, à l'exception du droit royal qui a toujours subsisté, cette liberté, objet des vœux de Votre Majesté, s'établirait d'elle-même et les talents ne seraient plus exposés à se plaindre des rigueurs de la fortune.

Nous avons tenu à rapporter l'opinion de Séguier parce que nous la trouverons reproduite dans l'édit du mois d'août suivant ; elle était d'ailleurs fort répandue dans le public ; l'abbé Galiani écrivait le 13 avril à Mme d'Epinay : *Les ordres religieux les plus austères sont ceux qui ont plus de grands hommes. Rendez les règles des Pères de Saint-Maur ou des Jésuites aisées, commodes, leur ordre est détruit. Ainsi je suis persuadé que le système de M. Turgot a porté le coup fatal aux manufactures de la France. Les habiles artistes en partie sortiront, d'autres se négligeront et au lieu d'établir l'émulation, on aura cassé tous les ressorts vrais du cœur de l'homme.*

La correspondance de Grimm exprimait les mêmes idées avec beaucoup de force : *L'erreur la plus commune aux philosophes qui ont écrit sur l'administration, c'est de vouloir transporter des idées abstraites, des vérités métaphysiques dans un ordre de choses qui en change absolument tous les rapports ; si les lois de la société ne sont pas opposées à celles de la nature, elles n'en sont pas moins très différentes. Les idées qui tiennent à la propriété se concilieront toujours difficilement avec celles de l'ordre primitif où tout était en commun.*

....Il est évident que, dans l'état social, ce qui conviendrait le mieux à l'individu n'est pas toujours ce qui convient le mieux à l'Etat.

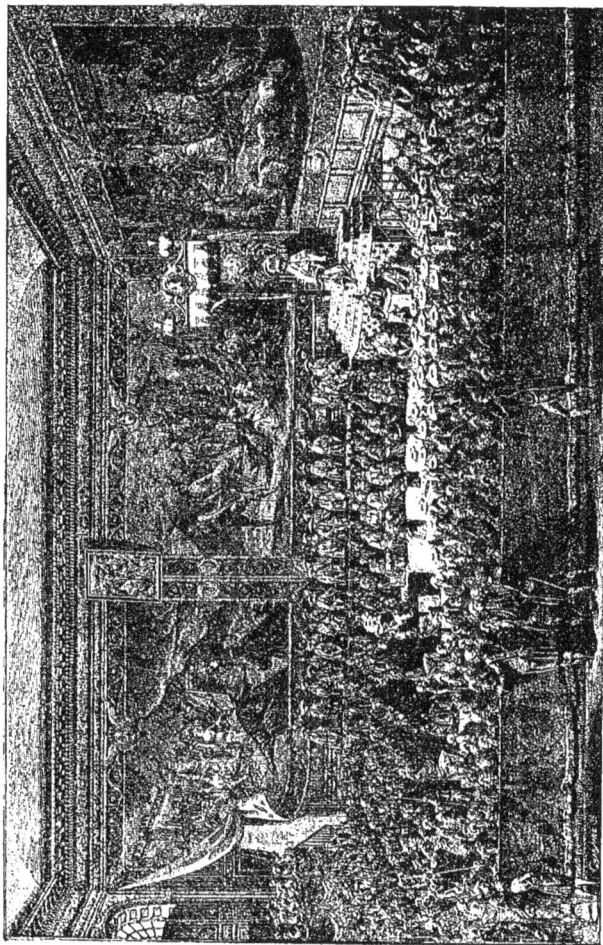

LIT DE JUSTICE DU 12 MARS 1776

Ces observations sont très justes et nos économistes d'aujourd'hui pourraient en faire leur profit. La suite était moins heureuse ; l'on y soutenait, par exemple, que l'homme naissant paresseux, on le tire de son inertie en lui accordant des distinctions, des récompenses, c'est-à-dire des privilèges ; la conclusion est assez étrange.

Quoi qu'il en soit, l'opposition ne désarma pas après l'enregistrement des édits en lit de justice ; Turgot fut attaqué avec une violence prodigieuse ; il avait contre lui Maurepas et le Parlement et, convaincu de la justice de ses idées, il ne faisait rien pour ramener ses adversaires à lui ; il était froid, réservé et même dédaigneux. Le roi, dont la fermeté n'était pas la qualité dominante, se détacha de lui peu à peu et finit par le remplacer au mois de mai par M. de Clugny dont on vantait le caractère et les talents et qui était alors intendant à Bordeaux.

Voltaire avait écrit à Mme de Maurepas : *Si jamais M. Turgot cesse d'être ministre, je me ferai moine.* Elle le somma de tenir sa parole et il s'en tira par un bon mot : *Oui, madame, je me fais moine et de l'ordre de Clugny*[1].

Le nouveau contrôleur général prit naturellement le contre-pied de ce qu'avait fait son prédécesseur ; le 11 août, il rétablit les corvées et le 26 août les jurandes ; suivant les indications données, quelques mois auparavant, par Séguier, le roi déclarait vouloir améliorer le régime des communautés et non plus le supprimer ; son nouvel édit était dû, disait-il, aux différents mémoires qui lui avaient été présentés à ce sujet et notamment aux représentations du Parlement.

En conséquence, l'édit érigeait de nouveau six corps de marchands : drapiers-merciers, épiciers-bonnetiers-pelle-

---

1. Faisant allusion à l'ordre des bénédictins de Cluny (qu'on prononçait alors Clugny).

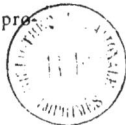

tiers-chapeliers, orfèvres-batteurs d'or-tireurs d'or, fabricants d'étoffes et de gazes-tissutiers-rubaniers, marchands
de vin et quarante-quatre communautés parmi lesquelles
figurait celle des distillateurs-limonadiers réunie aux vinaigriers ; vingt et une des professions soumises au privilège
étaient rendues libres.

Les marchands et artisans qui avaient profité de l'édit de
février pour se faire inscrire sur les livres de police comme
exerçant telle ou telle profession, pouvaient la continuer, à
la condition de payer, soit le droit de réception, soit annuel-
lement le dixième de ce droit. Les anciens maîtres étaient
tenus, pour faire partie des nouvelles communautés, de
payer des droits de confirmation et de réunion, sinon ils
n'étaient admis à aucune assemblée, ne participaient point
à l'administration ni à aucune des prérogatives des communautés.

Les syndics et jurés devaient être élus par des députés
au nombre de vingt-quatre pour les corps et communautés
composés de moins de trois cents membres et de trente-
six pour les autres. Ces députés étaient désignés dans des
assemblées où figuraient seulement les membres imposés à
la plus forte taxe d'industrie, au nombre de deux cents pour
les communautés comptant moins de six cents membres
et de quatre cents pour les autres.

La liquidation des biens des anciennes communautés
n'en devait pas moins continuer ; la vente de leurs immeubles
était ordonnée ; exception était faite pour les maisons qui
leur étaient nécessaires pour tenir leurs bureaux.

Les limonadiers-distillateurs n'allaient pas jouir longtemps tranquilles de leur privilège. L'article 7 d'une déclaration royale du 19 décembre suivant autorisait les particuliers qui voudraient exercer le commerce du cidre, de
la bière et de l'eau-de-vie en détail et en boutique, à le faire
moyennant l'autorisation du lieutenant général de police et

le versement d'une somme, une fois payée, de 100 livres
pour ceux qui vendaient du cidre et de la bière, de
150 livres pour ceux qui vendraient de l'eau-de-vie, et
de 250 livres pour ceux qui vendraient ces trois genres de
boissons ; les trois quarts de ces droits devaient être perçus au profit du roi, l'autre quart au profit des limonadiers-
vinaigriers.

Citons en passant un édit du 25 avril 1777 qui, supprimant toutes les communautés existant dans les villes du
ressort du Parlement de Paris, en établissait vingt nouvelles, parmi lesquelles figurait au numéro 11, celle des
cabaretiers, aubergistes, cafetiers, limonadiers. Il faut noter
que ce ressort était très étendu, comprenant en tout ou en
partie l'Ile de France, le Vexin, la Picardie, la Champagne,
le Berry, l'Auvergne, l'Aunis, le Limousin, la Bourgogne,
le Soissonnais, le Bourbonnais, le Poitou, la Touraine, le
Maine, l'Anjou, l'Orléanais et le Lyonnais. Les maîtres
ainsi institués payaient la moitié des droits de réception de
Paris, pour les villes du premier ordre et le quart pour les
villes de second ordre, ce qui donnait 300 et 150 livres pour
les limonadiers.

Citons, dans le même ordre d'idées, un édit du 8 février
1778, qui créait à Rouen trente-sept communautés pour
remplacer les anciennes ; au numéro 18, nous trouvons celle
des vinaigriers, cafetiers, limonadiers, dans laquelle le droit
de réception était de 600 livres, c'est-à-dire le même
qu'à Paris.

En 1782, au cours de la guerre entreprise contre l'Angleterre pour défendre l'indépendance des Etats-Unis, les corps
et communautés des arts et métiers votèrent une somme
de 1,500,000 livres pour la construction d'un vaisseau de
premier ordre ; les limonadiers-vinaigriers versèrent, pour
leur part, 80,000 livres qu'ils furent autorisés à emprunter,
par lettres patentes du 29 août de cette année 1782 ; en 1783,

ils offrirent encore 5,000 livres pour les dépenses de la marine.

Mais les jours des communautés étaient comptés ; la situation du trésor obérée par une guerre longue et intense précipitait les événements ; à bout d'expédients, le roi se résignait à convoquer les Etats-Généraux ; ceux-ci se constituaient en Assemblée nationale et, le 4 août 1789, dans un élan de désintéressement et de justice, ils supprimaient tous les droits féodaux et tous les privilèges.

Tout le monde comprit que c'était l'arrêt de mort des communautés et les réceptions de maîtres furent presque arrêtées sans toutefois l'être complètement ; cependant, ce fut seulement le 10 du mois de février 1791 que l'assemblée commença, en séance publique, la discussion de la loi qui prononçait définitivement la suppression des communautés et qui n'était autre que la loi des patentes ; elle fut votée le 2 mars suivant.

Il y était dit, dans l'article 2, qu'à compter du 1er avril suivant, les brevets et lettres de maîtrises, les droits perçus pour la réception des maîtrises et jurandes et tous privilèges de profession, sous quelque dénomination que ce fût, étaient supprimés.

L'article 7 établissait la liberté complète du travail et du commerce ; il était ainsi conçu :

A compter du premier avril prochain, il sera libre à toute personne de faire tel négoce ou d'exercer telle profession, art ou métier qu'elle trouvera bon ; mais elle sera tenue de se pourvoir auparavant d'une patente.

Disons, en passant, qu'un certain nombre de professions devaient payer un droit de patente supérieur au droit commun qui était de 2 sous par livre du loyer jusqu'à 400 livres, de 2 sous 6 deniers jusqu'à 800 livres, et de 3 sous au-dessus de 800 livres. Les limonadiers, distillateurs, vinaigriers, entre autres, devaient payer :

30 livres pour un loyer de . .	200 livres et au-dessous.
3 sous 6 deniers pour livre du prix d'un loyer de.	201 à 400 livres.
4 sous pour livre du prix d'un loyer de.	401 à 600 —
4 sous 6 deniers pour livre du prix d'un loyer de	601 à 800 —
5 sous pour livre du prix d'un loyer de.	801 et au-dessus.

Evitant de tomber dans le défaut que l'on avait justement reproché à Turgot, les législateurs de 1791 avaient tenu à indemniser, dans une certaine mesure, les maîtres en exercice qui avaient payé pour obtenir leur privilège et s'en trouvaient tout à coup privés. Le principe ne rencontra pas d'opposition et son mode d'application fut déterminé par les articles 3, 4, 5 et 6 de la loi qui étaient ainsi conçus:

Article 3. *Les particuliers qui ont obtenu des maîtrises et jurandes remettront au commissaire chargé de la liquidation de la dette publique leurs titres, brevets et quittances de finances pour être procédé à la liquidation des indemnités qui leur sont dues lesquelles seront réglées sur le pied des fixations de l'édit du mois d'août 1776[1] et autres subséquents et à raison seulement des sommes versées au Trésor public.*

Article 4. *Les particuliers reçus dans les maîtrises et jurandes depuis le 4 août 1789 seront remboursés de la totalité des sommes versées au Trésor public.*

A l'égard de ceux dont la réception est antérieure au 4 août 1789, il leur sera fait déduction du trentième par

1. Celui qui avait rétabli les communautés.

année de jouissance, sans que cette déduction puisse s'étendre au delà des deux tiers du prix total. Ceux qui ont cessé d'exercer depuis deux ans n'ont droit à aucun remboursement.

Article 5. *Les syndics des corps et communautés seront tenus de représenter et de rendre leurs comptes de gestion aux municipalités lesquelles les vérifieront et formeront l'état général des dettes actives et passives et biens de chaque communauté ; ledit état sera envoyé aux directeurs de districts et départements qui, après vérification, le feront passer au commissaire du roi, chargé de la liquidation.*

Article 6. *Les fonds existant dans les caisses des différentes corporations après l'apurement des comptes qui seront rendus au plus tard dans le délai de six mois, seront versés dans les caisses du district qui en tiendra compte à celle de l'extraordinaire. Les propriétés mobilières et immobilières des communautés seront vendues dans la forme prescrite pour l'aliénation des biens nationaux et le produit des dites ventes sera pareillement versé dans la caisse de l'extraordinaire.*

Le 20 décembre précédent, l'Assemblée nationale avait établi une direction générale de liquidation sous la surveillance de M. Dufresne-Saint-Léon, commissaire du roi, qui fut plus tard remplacé par M. Denormandie ; après le vote de la loi sur les patentes, on créa dans cette direction un bureau spécial chargé de la liquidation et du remboursement des maîtrises et jurandes et de liquider les dettes des corps et communautés tant de la province que de Paris, antérieures et postérieures à 1776. Le chef de ce bureau était M. Dufresne d'Etampes, premier commis ; il avait sous ses ordres quinze employés et sept expéditionnaires touchant ensemble 39,000 francs d'appointements.

Le travail fut d'ailleurs poussé avec activité, car, au 30 septembre 1791, il avait été déjà délivré aux anciens maîtres des reconnaissances constatant que l'Etat leur devait 7,219,202 francs. Le total des remboursements s'éleva à 12,850,000 francs pour 54,000 jurandes et maîtrises. En outre, il fallut payer aux créanciers des communautés une somme que l'on peut évaluer à 2 ou 3 millions.

Toutes ces sommes furent payées d'abord en argent, puis en assignats, puis en inscriptions sur le Grand-Livre, on peut donc admettre que la moitié des maîtres et des créanciers perdirent une grande partie de ce qui leur était dû.

Il faut ajouter que certaines dettes dont la légitimité était incontestable furent repoussées pour défaut de forme; il faut d'ailleurs reconnaître que les commissaires chargés de la liquidation de 1776 en avaient fait tout autant et alors ce furent les maîtres de chaque corporation qui, dépouillés de leurs privilèges et de leurs biens, furent tenus de rembourser ces dettes de leurs deniers particuliers. Jusqu'en 1814, nous trouvons des exemples de contributions levées sur d'anciens membres des communautés pour payer des dettes que l'Etat n'avait pas voulu reconnaître.

L'Assemblée constituante ne se contenta pas d'avoir tué les corporations, elle voulut les empêcher de ressusciter et, le 14 juin 1791, elle rendit un décret dont voici les principales dispositions :

Article 1. *L'anéantissement de toutes les espèces de corporations des citoyens du même état et profession, étant une des bases fondamentales de la Constitution française, il est défendu de les rétablir de fait, sous quelque prétexte et quelque forme que ce soit.*

Article 2. *Les citoyens d'un même état ou profession, les entrepreneurs, ceux qui ont boutique ouverte, les ouvriers et compagnons d'un art quelconque ne pourront, lorsqu'ils se trouveront ensemble, se nommer ni présidents, ni secrétaires, ni syndics, tenir des registres, prendre des arrêtés*

*ou délibérations, former des règlements sur leurs prétendus
intérêts communs.*

L'article 4 déclarait inconstitutionnelles toutes délibérations ou conventions par lesquelles les patrons ou les
ouvriers se concertaient pour refuser ou n'accorder qu'à un
prix déterminé le secours de leur industrie ou de leurs travaux ; elle les proclamait attentatoires à la liberté et à la
Déclaration des Droits de l'homme.

Nous sommes aujourd'hui bien loin de ces principes ;
les droits de grève et de coalition sont inscrits dans la loi
et les syndicats, s'ils ne ressuscitent pas complètement les
anciennes corporations, tendent à s'en rapprocher sur bien
des points.

Nous avons terminé l'histoire générale de la Communauté
des distillateurs-limonadiers-marchands d'eau-de-vie ; nous
allons maintenant entrer dans quelques détails sur la
condition des maîtres, sur leurs rapports avec leurs
apprentis, avec la police et enfin avec les marchands privilégiés suivant la Cour ou attachés à quelque grand corps
ou à quelque grand personnage de l'Etat.

CHAPITRE V

LES MAITRES

LEURS RAPPORTS AVEC LEURS COMPAGNONS ET APPRENTIS

Ainsi que nous l'avons dit, il fallait pour être reçu maître, avoir été apprenti pendant trois ans au moins, ou être fils de maître, ou avoir épousé une fille de maître. En outre, la communauté, lorsque les exactions royales l'avaient par trop obérée, était autorisée à vendre des lettres de maîtrise à des individus sans qualité.

Les sommes que l'on devait payer pour devenir maître ont considérablement varié; au début, il suffisait de verser 3oo livres ; le chiffre augmenta progressivement et nous avons vu que, lors de la seconde suppression de la communauté, les privilèges furent vendus 1.ooo livres ; après le rétablissement des communautés effectué par l'édit d'août 1776, le droit payé par les nouveaux maîtres limonadiers fut uniformément de 6oo livres. Jusque-là, il avait différé suivant les catégories ; moindre pour les fils et pour les gendres de maîtres; supérieur pour les apprentis, aussi élevé que possible pour les personnes sans qualité. C'est ainsi que l'édit de juillet 1705 qui rétablit la communauté après sa première suppression, établissait les droits suivants :

Fils des anciens, qui sont nés dans la maîtrise et dont les pères auront passé par les honneurs . . . . 3oo livres
Filles des anciens, qui sont nées dans la maîtrise, et dont les pères auront passé par les honneurs, épousant un étranger. . . . . . . 3oo —
Si les pères n'ont point passé par les honneurs :
— Fils de maîtres. . . . . 5oo livres
— Filles épousant des étrangers . . . . . 5oo —
Apprentis . . . . . . 8oo —
Les enfants qui ne sont pas nés dans la maîtrise et les veuves qui se remarient payent aussi 8oo —

Les lettres de maîtrise étaient délivrées par le prévôt de Paris ; en voici la formule que nous reproduisons d'après un exemplaire qui se trouve aux Archives nationales :

A tous ceux qui ces présentes lettres verront, Gabriel-Jérosme de Bullion, chevalier comte d'Esclimont, seigneur de Wideville, Crespières, Mareil, Montainville et autres lieux, maréchal de camp des armées du roi, son conseiller en tous ses conseils, prévôt de la ville, prévôté et vicomté de Paris, salut.

Sçavoir faisons qu'aujourd'hui :

X... a été reçu maître limonadier à Paris comme apprenti et par chef-d'œuvre[1].

En la présence de   jurez et gardes de la dite communauté, pour de ladite maîtrise dorénavant jouir et user pleinement et paisiblement, tout ainsi que les autres maîtres d'icelle après qu'il a fait le serment de bien et fidellement exercer ledit métier, garder et observer les

---

1. Ou comme fils de maître, ou comme ayant épousé une fille de maître.

*statuts et ordonnances d'icelui, souffrir la visitation des
gardes en la manière accoutumée.*

*Ce fut fait et donné par messire François Moreau,
conseiller du ray en ses Conseils d'Etat et privé, honoraire
en sa Cour de Parlement et procureur de Sa Majesté au
Chastelet, siège présidial, ville, prévôté et vicomté de Paris,
premier juge et conservateur des corps des marchands, arts,
métiers, maîtrises et jurandes de ladite ville, faux bourgs
et banlieue de Paris, après avoir vu la quittance de la somme
de trois livres de ce jourd'huy, signé Duchesne, receveur des
aumônes de l'hopital général de Paris.*

Ce   jour ce   mil sept cent   .

Les maîtres étaient divisés en anciens, modernes et
jeunes. Les jeunes étaient ceux qui avaient moins de dix
ans d'exercice ; les modernes étaient reçus depuis plus de
dix ans ; enfin les anciens devaient exercer depuis vingt ans
au moins.

Nous avons trouvé aux Archives nationales une série de
registres sur lesquels étaient mentionnées la réception
des maîtres et l'élection des jurés ; ces registres malheureusement présentent de nombreuses lacunes, comme on
en trouve souvent dans toutes les suites de documents qui
proviennent de l'ancien Châtelet ; nous avons cru intéressant de relever le nombre des maîtres reçus chaque année :

1674.	2
1675.	0
1676 (jusqu'au 4 novembre).	37
1677 (le registre manque)	0
1678 (à partir du 1er octobre).	4
1679.	9
1680.	5
1681.	4

1682. 11
1683. 13
1684. 7
1685, 1686, 1687, les registres man-
    quent 0
1688 (à partir du 4 novembre) 1
1689. 16
1690. 12
1691. 26
1692. 6
1693. 15
1694 à 1736, les registres manquent. . 0
1737 (à partir du 2 septembre) 8
1738. 28
1739. 15
1740. 14
1741. 13
1742. 8
1743. 14
1744. 19
1745. 33
1746. 7
1747. 6
1748. 8
1749. 19
1750. 11
1751. 14
1752. 18
1753. 14
1754. 9
1755. 9
1756. 7
1757. 13
1758. 2

1759.	111
1760.	7
1761.	9
1762.	6
1763.	8
1764.	3
1765.	16
1766.	16
1767.	15
1768.	13
1769.	11
1770.	17
1771.	18
1772.	18
1773.	23
1774.	35
1775.	31
1776.	10

Sur ces dix derniers maîtres, trois furent reçus le 12 mars, c'est-à-dire précisément le jour où était tenu à Versailles le lit de justice pour l'enregistrement de l'édit qui supprimait les communautés et ce sont ces trois maîtres limonadiers qui ferment le registre, pour un temps du moins, car il se rouvre le 3 septembre suivant et nous retrouvons encore pour

1776.	165
1777.	125
1778.	133
1779.	140
1780.	121
1781.	78
1782.	84

1783.	63
1784.	64
1785.	84
1786.	86
1787.	100
1788.	89
1789.	37
1790.	1

C'est encore un limonadier, nommé Jean-François Gallet, qui ferme, et cette fois d'une façon définitive, le registre des réceptions des maîtres des communautés.

En dépouillant toutes ces listes, nous avons fait une remarque curieuse, c'est que, pendant la période où la communauté des distillateurs-limonadiers était le mieux assise, elle ne s'ouvrait pas facilement aux nouveaux venus ; c'était une corporation très attachée par les liens de famille ; c'est ainsi qu'en 1753, sur quinze maîtres reçus, cinq sont fils de maîtres et tous les autres ont épousé des filles de maîtres ; en 1754, sur neuf maîtres reçus, trois sont fils de maîtres, un a épousé une veuve de maître, les autres sont des gendres de maîtres ; en 1755, nous trouvons sur dix réceptions, un fils, le mari d'une veuve et six gendres ; en 1756, sur sept réceptions, cinq fils, le mari d'une veuve et un gendre ; en 1757, sur treize réceptions, cinq fils et quatre gendres ; en 1758, une seule réception, celle d'un fils. En 1759, le tableau change, la communauté a eu besoin d'argent et, autorisée par un arrêt du Conseil du 27 février, elle vend, en deux ans, une centaine de lettres de maîtrise. Mais, la crise passée, le système ancien est repris, un peu atténué cependant. En 1765, nous trouvons sur seize réceptions, quatre fils et quatre gendres de maîtres ; en 1766, sur seize réceptions, deux fils et quatre gendres ; il y a encore, cette année-là, six lettres de maîtrise vendues

en vertu d'un arrêt du Conseil : en 1767, sur quinze réceptions, cinq fils et trois gendres.

On voit que les apprentis n'avaient pas beau jeu dans
cette communauté et que, la plupart du temps, leur avenir
était borné à la condition de compagnons.

Nous avons vu par les statuts des limonadiers que le
temps de l'apprentissage devait être au moins de trois ans;
presque toujours il avait une durée supérieure.

Le contrat d'apprentissage était passé par devant notaire
et en présence d'un juré au moins ; souvent même tous les
jurés le signaient ; il devait être enregistré en la Chambre
du procureur du roi au Châtelet et, en outre, au bureau de
la communauté, sur un registre spécial dûment paraphé,
par premier et dernier feuillet, par le lieutenant général de
police; on y enregistrait aussi les réceptions des maîtres.

L'apprenti devait être Français ; l'enfant étranger était
engagé pour un temps moins long que celui de l'apprentissage normal afin qu'il ne lui fût jamais permis de devenir
maître[1]. On n'acceptait pas d'apprenti marié ni ayant
dépassé vingt-deux ans. Le nombre des apprentis était res-
treint dans toutes les communautés, mais particulièrement
dans celle des limonadiers, dont aucun maître ne pouvait
obliger un apprenti que six ans après qu'il en avait obligé un
premier. Nous avons même vu qu'à un moment donné, afin
de faire compensation aux maîtrises créées pour payer les
subsides exigés par le roi, les maîtres devaient ne pas former
d'apprentis pendant un certain nombre d'années. C'est
en 1737 que les limonadiers décidèrent que, pendant dix ans,
il n'y aurait plus d'apprentis. « Le nombre des maîtres, disaient-ils dans leur délibération du 26 juillet, est actuellement
si grand que, si l'on continuait d'admettre des apprentis, il
y aurait à craindre que la communauté ne pût se soutenir. »

1. Franklin : *Comment on devenait patron.*

Les patrons avaient des devoirs à remplir vis-à-vis de leurs apprentis ; ils étaient tenus de les bien traiter et de leur apprendre consciencieusement le métier ; les jurés devaient veiller à ce que le patron surveillât son apprenti, lui enseignât tout le nécessaire, le gardât à l'atelier et ne l'envoyât au dehors que pour servir d'aide, soit à lui, soit à un ouvrier. Il devait aussi lui assurer le logement, le vêtement et la nourriture et être bon et juste avec lui. Les peines corporelles étaient autorisées, mais elles ne devaient pas être excessives et le maître seul avait qualité pour les infliger ; il ne pouvait pas déléguer ce droit à sa femme. Si, sans cause légitime, il renvoyait son apprenti, les jurés recueillaient l'enfant et le plaçaient dans une autre maison.

Quant aux devoirs de l'apprenti, ils sont décrits tout au long dans un ouvrage d'Audiger, *La Maison réglée*, dont nous aurons à parler plus longuement.

En termes généraux, dit-il, *tous les apprentis doivent, lorsqu'ils sont engagés, bien nettoyer et balayer la boutique et le devant de la porte, bien ramasser tous les outils des compagnons et tout ce qui se trouve traîner d'un côté ou d'un autre, tant au maître qu'aux compagnons ; bien servir les compagnons et leur donner tout ce qu'il faut pour leur ouvrage, leur aller quérir à manger et à boire si c'est eux qui se nourrissent ; les servir promptement et se faire aimer d'eux, car souvent c'est d'eux plus que du maître qu'ils apprennent leur métier, et ayant leur amitié, ils ne leur cachent rien et les rendent capables en fort peu de temps.*

Il faut aussi que les apprentis se lèvent tous les jours les premiers et se couchent les derniers, car ce sont eux qui ouvrent et ferment la boutique. Ce sont eux aussi qui font le lit des compagnons. Et doivent en tout n'être point paresseux ni désobéissants, car, sans cela, ils voient souvent leur temps fini et n'être encore que des ignorants. Et s'ils veulent être d'honnêtes gens et de bonnes inclinations, après être

*apprentis, ils deviennent compagnons et se rendent habiles
en leur art ou métier.*

Certains apprentis appartenant à des familles aisées
donnaient une certaine somme au patron, soit pour être
mieux traités, soit même quelquefois, pour abréger, au
mépris des statuts, le temps de l'apprentissage.

Audiger parle aussi de cette catégorie.

*Si les apprentis donnent de l'argent pour leur apprentis-
sage, ils ne doivent point souffrir qu'on leur fasse rien faire
qui ne soit point de leur métier, qui est comme de ne point
laver la vaisselle, promener ni amuser d'enfant, ni autres
choses que les maîtres et les maîtresses font faire auxquelles
ils ne sont point obligés, attendu que cela n'est ni dans leur
engagement, ni dans les statuts du métier ou de l'art dont
ils veulent faire profession.*

Voici donc bien établies d'une façon précise les obliga-
tions réciproques des patrons et des apprentis ; pendant
très longtemps, les jurés veillaient à ce qu'elles fussent exé-
cutées de part et d'autre, mais, peu à peu, ils se désinté-
ressèrent de cette surveillance qui leur prenait trop de
temps ; ils ne se soucièrent même plus de se conformer
aux prescriptions des statuts en ce qui touche les apprentis ;
ils ne pouvaient donc plus demander aux autres d'y obéir.

La plupart des maîtres se préoccupaient moins d'enseigner le métier à l'apprenti que d'obtenir de lui des
services. Les courses au dehors occupaient presque toute
la journée de l'enfant ; de nombreuses ordonnances de
police nous le prouvent. Une sentence de police du 4 mars
1678, qui vise la communauté des pâtissiers, constate que
*les apprentis consomment le temps de leur apprentissage
sans rien apprendre de leur métier, et, ce qui est d'une plus
dangereuse conséquence pour eux, s'adonnent au jeu, à la*

fainéantise, à la débauche et finalement à toutes sortes de
désordres, par la fréquentation continuelle qu'ils ont avec
les fainéants, coupeurs de bourses et gens de leur cabale,
dont les lieux publics sont ordinairement remplis, auxquels
inconvénients les pauvres apprentis, la plupart sans aucuns
parents qui puissent veiller à leur conduite, sont sujets par
le fait de leurs maîtres qui contreviennent impunément aux
défenses portées par plusieurs arrêts et règlements.

C'était donc le lieutenant de police qui était forcé
d'accorder à l'apprenti une protection que celui-ci ne
trouvait plus chez les jurés.

Quand l'apprenti avait terminé son apprentissage, il
recevait un brevet et, s'il avait les ressources nécessaires,
il pouvait demander son admission comme maître, en
faisant son chef-d'œuvre dans la forme requise, sous la
surveillance des jurés.

Mais il ne faut pas croire que cette admission se fît sans
difficulté et sans conditions. Il était tout d'abord nécessaire
d'être Français ou naturalisé, enfant légitime et produire
un certificat de bonnes vie et mœurs ; le candidat devait
aussi faire profession de la religion catholique ; il devait
avoir vingt ans au moins ; cependant, s'il était fils de
maître, cette condition d'âge n'était point exigée et on en
arriva à un tel abus que le lieutenant de police dut interdire
d'ouvrir une boutique à ceux qui avaient moins de dix-huit
ans. Le candidat était tenu de savoir lire et écrire.

Lorsqu'il avait justifié qu'il satisfaisait à toutes les
prescriptions que nous venons d'énoncer, il rédigeait une
demande tendant à être admis au chef-d'œuvre et l'adressait
aux jurés de sa communauté. Ceux-ci convoquaient un
certain nombre de maîtres pris parmi les anciens. Le
candidat était proposé, on lisait son brevet d'apprentissage
et son certificat de service comme compagnon, puis
l'assemblée délibérait sur la nature du chef-d'œuvre qui lui

serait proposé. Il lui était ensuite choisi un meneur chargé
de le mettre au courant des usages et de l'accompagner
dans les visites qu'il devait faire aux jurés et aux maîtres
de son métier[1].

Le chef-d'œuvre était exécuté sous la surveillance des
jurés et dans le domicile de l'un d'eux ; quelquefois cependant il l'était au bureau de la communauté. Les jurés
pouvaient seuls entrer dans la chambre où travaillait
l'aspirant et veillaient à ce qu'il ne fût ni conseillé, ni aidé.
Le chef-d'œuvre achevé était exposé et tous les maîtres de
la corporation pouvaient venir l'examiner et le critiquer ;
mais les jurés seuls avaient compétence pour l'accepter ou
le refuser ; s'ils trouvaient le travail insuffisant, ils le
détruisaient et le malheureux candidat devait se résigner à
rester encore compagnon pendant une ou plusieurs années.

C'étaient là, on ne peut le nier, nous dit M. Franklin,
*de sérieuses garanties en faveur de l'habileté des ouvriers,
garanties qui ne font que trop défaut aujourd'hui. Mais ces
sentences sans appel, rendues par des juges dont l'impartialité
était souvent fort suspecte, livraient les aspirants à l'égoïsme
des maîtres, toujours intéressés à ne pas augmenter le
nombre de leurs concurrents et à assurer l'avenir de leurs
enfants aux dépens des candidats nés dans la classe ouvrière.*

Si, au contraire, le chef-d'œuvre était accepté, l'aspirant
versait le prix de la maîtrise et était conduit par les jurés
au Grand-Châtelet, chez le procureur du roi qui le
déclarait officiellement maître du métier après lui avoir
fait prêter serment de *bien et fidellement exercer le métier,
de souffrir la visite des jurez et de leur porter honneur et
respect.* Il ne lui restait plus qu'à offrir à ses collègues le
repas traditionnel.

1. Franklin : *Comment on devenait patron.*

Mais il arrivait souvent, le plus souvent même, que l'apprenti limonadier n'avait pas la somme nécessaire pour acheter la maîtrise ; il devenait alors simple compagnon, ou garçon, suivant l'expression employée pour la corporation. Dès qu'il était muni de son brevet d'apprentissage, il pouvait choisir son maître, entrer dans la maison qui lui convenait, régler sa vie comme il l'entendait, mais en se conformant toutefois à certaines règles que nous trouvons pour ainsi dire codifiées dans une ordonnance de police du 6 mars 1779.

Elle porte que tous garçons limonadiers, distillateurs et vinaigriers seront tenus de se faire inscrire au bureau de la communauté sur un registre où seront consignés leurs noms et signalement ainsi que les noms de leur maître. On leur délivre un livret reproduisant ces mêmes indications. Tout garçon qui veut quitter sa place doit prévenir son maître huit jours d'avance, et, le jour où il sort, il doit aller faire sa déclaration au susdit bureau. Il ne peut, pendant une année, entrer en service dans une boutique qui ne serait pas séparée, au moins par dix autres boutiques de celle qu'il vient de quitter.

Dès 1699, d'ailleurs, un arrêt du Parlement (15 juillet) avait fait défense aux compagnons devenus maîtres de s'établir à moins de vingt maisons de distance des limonadiers chez lesquels ils avaient servi, comme aussi d'avoir les mêmes plafonds, étalages et ornements de boutique, de manière qu'aucune confusion ne pût s'établir.

La même ordonnance de 1779 se proposait aussi d'obvier aux cabales que les garçons pouvaient faire pour quitter en même temps la boutique dans laquelle ils étaient placés, elle donnait, dans ce but, au patron le droit de n'accepter qu'un seul congé de huit jours en huit jours, de telle sorte que les garçons ne pussent quitter leur maître que huit jours l'un après l'autre.

Il faut remarquer que ces garçons pouvaient fort bien n'avoir fait aucun apprentissage régulier ; c'était le cas de tous ceux qui, faute de ressources personnelles, n'envisageaient pas la possibilité de devenir jamais maîtres.

D'ailleurs, il ne faut pas croire que la condition de maître fût toujours enviable ; il ne suffisait pas d'avoir une lettre de maîtrise pour prospérer ; nous en trouvons la preuve dans les archives de la communauté où il est à chaque instant parlé des « pauvres maîtres ». Nous avons vu plus haut qu'il était défendu à ces pauvres maîtres comme aux pauvres veuves de prêter leur nom à des personnes sans qualité pour tenir boutique, à peine d'être déchus de la maîtrise. Et ce qui donne une idée de la misère à laquelle ils pouvaient être réduits, c'est que la communauté pour leur donner moyen de vivre, leur payait, par avance, la somme de 36 livres par chacun an sous forme d'aumône.

L'interdiction était bien souvent méconnue ; nous voyons, par exemple, en janvier 1701, les jurés limonadiers opérer une saisie sur un Sr Pageart et sa femme qui exerçaient le métier sans avoir de privilège ; mais un maître, nommé Joseph Protin, intervint, déclarant qu'il était propriétaire du fonds et des marchandises qui avaient été saisies : il produisit des pièces régulières à l'appui de son affirmation et le lieutenant de police ne put faire autrement que d'accorder la mainlevée de la saisie. Mais, comme il était convaincu que Protin n'était qu'un prête-nom, il lui fit défense d'employer à l'avenir Pageart et sa femme, lui enjoignit de les mettre hors de sa maison et de ne plus se servir désormais que de compagnons agréés par les jurés.

Le 22 mai 1738, les jurés, afin d'embarrasser ceux qui, comme les époux Pageart, exerçaient le métier puis se couvraient du nom de quelque pauvre maître quand on

venait leur demander de justifier de leurs droits, obtinrent
du lieutenant de police une ordonnance faisant injonction à
tous les maîtres et aux veuves de maîtres de, dans un mois
au plus tard, faire inscrire leurs noms sur leurs enseignes
ou sur les tableaux de leurs boutiques, à peine de 10 livres
d'amende.

CHAPITRE VI

LES LIMONADIERS ET LA POLICE

La communauté des limonadiers eut souvent maille à partir avec la police et cela se comprend facilement puisque leurs établissements étaient des lieux de réunion pour des gens de toute espèce. Aussi, dès le 5 novembre 1677, peu de temps après l'établissement de la corporation, le lieutenant de police rendit une ordonnance pour assurer la bonne tenue de leurs boutiques et fixer l'heure de leur fermeture.

Il paraît qu'elle ne fut pas très longtemps respectée, car le 16 février 1695, le célèbre La Reynie en rendit une autre qu'il est intéressant de faire connaître .

Sur ce qui nous a été remontré par le procureur du roy que, nonobstant l'ordonnance par nous rendue sur son réquisitoire, le cinquième de novembre 1677, peu de temps après l'établissement de la communauté des limonadiers et vendeurs d'eau-de-vie et autres liqueurs et nonobstant les défenses qui leur ont été faites de recevoir dans leurs boutiques et maisons aucunes personnes après les heures marquées par la dite ordonnance, plusieurs d'entre eux donnent lieu depuis quelque temps à des désordres si considérables et si fréquents que la tranquillité et la sûreté publiques en seraient infailliblement troublées, s'il n'y était promptement remédié, et il est d'autant plus nécessaire de faire cesser ces désordres que ceux qui exercent cette profession, dont le nombre a été beaucoup augmenté depuis l'année 1677, ayant fait de leurs boutiques et maisons, autant de nouveaux cabarets de liqueurs qui restent ouverts pendant toutes les heures de la nuit, dans tous les quartiers de la ville et des faux bourgs de Paris, ces boutiques et maisons servent maintenant de lieux d'assemblée et de retraite aux voleurs de nuit, filous et autres gens malvivans et déréglés ; ce qui se fait avec d'autant plus de facilité que toutes ces maisons sont désignées et distinguées des autres par des lanternes particulières sur la rue qu'on y allume tous les soirs et qui leur servent de signal.

D'ailleurs, et sous prétexte que les vendeurs de liqueurs ont droit, ainsi que tous les autres marchands et artisans, chacun suivant sa profession, de vendre dans leurs boutiques de l'eau-de-vie en détail, de la limonade et des liqueurs connues et usitées, ne pouvant leur être permis de composer, de débiter et de donner à boire indifféremment au public, comme ils font tous les jours, d'autres liqueurs extraordinaires et inconnues qu'ils composent, ainsi que bon leur semble, d'eau-de-vie rectifiée, d'épicerie et d'autres drogues plus violentes qui rendent furieux ceux qui en boivent fréquemment et qui ont été jugées mauvaises et très dangereuses, après une infinité de fâcheux accidents qui s'en sont suivis.

Requérait le procureur du roy que sur ce fût pourvu.

Nous, faisant droit sur le dit réquisitoire. Avons fait itératives et très expresses défenses aux maîtres distillateurs, marchands d'eau-de-vie, limonadiers et à tous autres qui ont droit ou font profession de vendre et débiter des liqueurs dans cette ville et faux bourgs de Paris, d'avoir et de tenir

*leurs boutiques ouvertes après cinq heures du soir depuis le
premier de novembre jusqu'au dernier jour de mars et après
neuf heures du soir depuis le dernier mars jusqu'au dernier
jour d'octobre.*

*Comme aussi leur faisons défense de faire après lesdites
heures, aucun débit des liqueurs qu'il leur est permis de
vendre dans leurs boutiques et d'y recevoir ou tenir aucunes
personnes de l'un et l'autre sexe, de quelque âge et profession
qu'elles puissent être, à peine de trois cents livres d'amende
pour la première fois et de plus grande en cas de récidive.*

*Seront aussi lesdits vendeurs de liqueurs civilement et
solidairement tenus et responsables, s'il y écheoit, des
dommages et intérêts avec ceux qui auront commis et fait
quelque violence ou autre désordre, soit dans les maisons
des vendeurs de liqueurs ou depuis qu'ils en seront sortis
après lesdites heures.*

*Ordonnons en outre que ceux desdits vendeurs de liqueurs
qui ont mis des lanternes particulières sur la rue et au devant
de leurs maisons et boutiques, seront tenus de les ôter dans
les vingt-quatre heures, à peine de cent livres d'amende et,
sauf à être ci-après fait droit sur le surplus de la remontrance
touchant la qualité des liqueurs et à régler la manière dont
le débit devra en être fait.*

Le procureur du roi exagérait assurément. Il est peu
probable que toutes les boutiques de limonadiers fussent
devenues des tapis francs ; il faisait aussi preuve d'un esprit
borné en supposant que toutes les liqueurs connues devaient
être bonnes et que toutes les liqueurs inconnues devaient
être nuisibles. De son côté, La Reynie était bien sévère en
imposant la fermeture des boutiques à cinq heures en hiver
et à neuf heures en été.

Les distillateurs-limonadiers réclamèrent et adressèrent
au lieutenant de police une requête dans laquelle ils expo-
saient *que, depuis l'établissement de leur communauté, il*

s'était établi en cette ville, plusieurs étrangers soi-disans Arméniens, lesquels se seraient immiscés de faire le métier et d'entreprendre sur les fonctions de la communauté desdits maîtres et marchands de liqueurs et limonadiers de cette ville, tenant des boutiques ouvertes sous le nom de pauvres maîtres et veuves, lesquels Arméniens non seulement font le débit desdites marchandises, mais encore se sont ingérés de tenir leurs boutiques ouvertes pendant toutes les heures de la nuit où ils donnent à jouer à toutes sortes de personnes de différentes mœurs comme aussi d'exposer des lanternes avec des chandelles pour distinguer leurs boutiques de celles des suppliants, dont ils se seraient plaints et les auraient poursuivis en contravention devant le lieutenant de police mais n'auraient pu les faire réduire à exécuter les statuts et règlements de ladite communauté.

Cependant comme les grands désordres qui sont arrivés dans les maisons de ces particuliers ont donné lieu du procureur du roy de faire sa remontrance aux règlements de police sur laquelle a été rendue l'ordonnance du 16 février dernier.....

Lesdits suppliants font connaître que cette ordonnance leur est très préjudiciable, lesquels ne vivent que par le débit qu'ils font de leurs marchandises qu'ils ne peuvent faire que depuis six heures du soir jusqu'à dix heures du soir en hiver et, en été, depuis huit heures jusqu'à onze heures, ce qui a été permis et usité même avant que les suppliants fussent érigés en communauté.

Pourquoi ils adressent la présente requête pour qu'il plaise au lieutenant de police, en conséquence des statuts à eux accordés par Sa Majesté et des arrêts et règlements rendus en conformité, leur permettre de tenir leurs boutiques ouvertes et y vendre leurs marchandises, sçavoir en hiver jusqu'à dix heures et en été jusqu'à onze heures ; aux soumissions faites par les jurez de la communauté des *suppliants d'avertir les commissaires des quartiers des maîtres qui pourraient se trouver en contravention.*

La Reynie accueillit favorablement cette requête et lui donna satisfaction, du moins en partie ; le 12 mars 1695, il rendit une ordonnance portant qu'il serait informé à la requête du procureur du roy des abus et contraventions qui se faisaient et se commettaient aux règlements de police dans les maisons d'aucuns des maîtres de la communauté.

Il ordonnait, en outre, que les boutiques des distillateurs-limonadiers fussent fermées pendant les mois de décembre et de janvier à six heures, pendant les mois de novembre, de février et de mars à sept heures et enfin du premier avril au premier novembre à dix heures.

Quatre ans plus tard, les limonadiers sont encore pris à partie, mais, cette fois, c'est parce que certains d'entre eux laissent des joueurs de profession s'installer chez eux.

Voyer d'Argenson a succédé à La Reynie comme lieutenant de police, et c'est lui qui, le 18 décembre 1699, rend l'ordonnance suivante :

Sur le rapport de Me Jean Regnault, conseiller du roy, commissaire enquêteur et examinateur au Châtelet de Paris, préposé pour la police au quartier du Louvre, Saint-Honoré et Saint-Roch, que, depuis quelque temps, plusieurs particuliers, sous prétexte de prendre du caffé et diverses liqueurs, se rendent journellement dans les boutiques des vendeurs de caffé où, non contents de jouer la dépense qu'ils y ont faite, au jeu appelé pair ou non, ils jouent de l'argent à ce même jeu ou à d'autres semblables et souvent, dans la chaleur du vin et avec des personnes qui tirent avantage de leur état, ils font des pertes considérables, ce qui donne occasion à des querelles, trouble le repos et l'union des familles et n'est pas moins contraire à l'intérêt des particuliers que préjudiciable à l'ordre public. De quoi lui commissaire avait reçu diverses plaintes soit de la part de ceux qui avaient ainsi perdu leur argent, non sans soupçon de fraude ou d'infidélité concertée, soit de la part de maîtres distillateurs qui ont peine à renvoyer lesdits joueurs après l'heure marquée par les ordonnances lorsqu'ils sont aussi échauffés par les liqueurs qu'ils ont bues avec excès et par la perte de leur argent.

Nous faisons défenses à toutes personnes de quelques conditions qu'elles puissent être, de jouer aucunes sommes d'argent dans les boutiques et maisons des distillateurs et vendeurs de caffé, au jeu appelé pair ou non et à tous autres ieux, sous peine de mille livres d'amende pour la première fois contre chacun des contrevenants et de trois mille livres en cas de récidive, laquelle amende sera attribuée savoir: un tiers à Sa Majesté, un tiers à l'hôpital général et un tiers au dénonciateur.

Ordonnons que les maîtres distillateurs et vendeurs de caffé seront tenus d'en donner avis aux commissaires de leurs quartiers, à peine de pareille amende, d'interdiction et de tous dépens, dommages et intérêts.

Il sera fourni à chacun desdits maîtres une copie imprimée de ladite ordonnance pour être mise dans leurs boutiques et insérée dans les registres de la communauté.

Mais c'était principalement sur l'heure de la fermeture des établissements que les distillateurs-limonadiers et la police avaient de la peine à s'entendre; les premiers ayant intérêt à la retarder le plus possible, la police tenant à faire exécuter ponctuellement les ordonnances.

Le 31 janvier et le 3 février 1724, Mes Jean de l'Epinay et Nicolas Rousselot, conseillers du roi, commissaires en la Cour du Châtelet, se transportent en vertu des ordres à eux adressés par le lieutenant général de police qui était alors René Héraut, chevalier-seigneur de Fontaine-Labbé et de Vaucresson, chez plusieurs limonadiers, marchands de vin, cabaretiers et vendeurs d'eau-de-vie entre onze heures et minuit et trouvent qu'on y donnait à boire.

Voici les noms des limonadiers ainsi pris en contravention, avec le nombre des buveurs attablés chez eux :

Colombe, rue de la Vieille-Bouclerie . . . 2 buveurs.
Baptiste, place Maubert. 2   —
Destival, café des Consuls. 3   —
Jourdain, au coin de la rue des Arcis, 9 personnes dont
3 buvaient.
Beauvais, quai Pelletier . . . . 9 buveurs.
Deschamps, place de Grève. 2   —

Sur le rapport des commissaires, le lieutenant de police
rend une ordonnance le 12 février ; il y rappelle les règlements antérieurs qu'il réitère en tant que de besoin et
condamne, Colombe, Baptiste, Destival et Beauvais à 20
livres d'amende, Jourdain à 18 livres et Deschamps à 15
livres ; il ordonne, en outre, l'affichage aux lieux ordinaires
et aussi à la porte des boutiques des contrevenants.

Deux jours auparavant, le Parlement s'était aussi inquiété
de la question et avait rendu un arrêt pour renouveler les
défenses de donner à boire aux heures indues et pendant le service divin et pour renforcer les peines qui
devaient être à l'avenir, 1° dans les villes, de 50 livres
d'amende contre le débitant et de 20 livres d'amende contre
le consommateur ; 2° dans les bourgs et villages, de 20
livres d'amende contre le débitant et de 5 livres d'amende
contre le consommateur.

En cas de récidive, l'amende devait être au moins du
double et pouvait être accompagnée soit de l'emprisonne-
ment, soit même d'une peine corporelle.

Aussi, à compter de cette époque, les contraventions sont
nombreuses et sévèrement réprimées ; voici quelques
exemples pris au hasard.

Le 6 novembre 1725, Ferret, limonadier, au bout du

pont Saint-Michel, qui n'a pas fermé à l'heure réglementaire,
est condamné à 5o livres d'amende et, ce qui est plus grave,
à tenir sa boutique fermée pendant trois mois. Il faut dire
qu'il avait été condamné une première fois le 2 mars 1725 à
5o livres d'amende; cependant, dans la nuit du 25 au
26 octobre, à minuit et demi, le guet avait constaté qu'il
avait encore chez lui plusieurs clients qui menaient grand
bruit. Le lundi 2 juillet 1742 — nous franchissons, sans
nous attarder un espace de plusieurs années pour montrer
que la police ne désarmait pas — une querelle s'élève chez
un nommé David, tenant un café, grande rue du Faubourg
Saint-Antoine, près la Boule-Blanche ; deux individus sont
arrêtés par le guet, l'un d'eux s'échappe et se sauve chez
ses parents, rue Traversière ; c'était un soldat au régiment
de Touraine qui, bien entendu, est aussitôt repris. Le commissaire se rend le dimanche suivant chez David, à neuf
heures du matin, heure des offices et y trouve neuf individus
buvant de l'eau-de-vie ; dans la nuit du dimanche au lundi,
le guet, passant vers deux heures, entend du bruit dans la
boutique, la fait ouvrir et y trouve six hommes et une femme
buvant autour d'un fourneau où se faisait le café. David, dans
ces conditions, est fort heureux de s'en tirer avec une simple
amende de 100 livres ; la sentence est affichée à sa porte.

Jussan et sa femme, établis rue Saint-Honoré, à l'enseigne
du Cadran bleu, avaient été déjà plusieurs fois condamnés
pour donner à boire à des heures indues. Un rapport du
sergent du guet constate qu'à minuit, le 24 août 1743, leur
boutique était pleine de gens qui buvaient et jouaient et ne se
séparèrent qu'à trois heures du matin; que, le jour suivant,
à une heure du matin, il entra six personnes dans la boutique, qui furent bientôt suivies de cinq autres et qu'il en
entra trois encore à deux heures du matin. Le sergent
entendit même le bruit des dés et quelqu'un qui criait : vingt
sols au plus haut point !

Jussan et sa femme sont condamnés à 500 livres d'amende et leur boutique est fermée pour six mois.

Le 14 décembre 1742, une autre ordonnance de police vise spécialement la solennité de Noël :

Attendu, dit-elle, *que les limonadiers... et autres, laissent leurs boutiques ouvertes la nuit de Noël et reçoivent chez eux des personnes de tout état et de tout sexe.*

Que cette contravention, également contraire aux lois de la religion et de la police, paraît d'autant plus mériter notre attention que l'obscurité donne lieu à plus de licence et de désordre.

Faisons défense, pour ce jour-là, de laisser boutique ouverte et de donner à boire après huit heures du soir.

Encore une ordonnance et nous aurons terminé avec ce sujet ; celle-là est du 26 juillet 1677, elle est très longue mais nous n'en citerons que quatre articles, les seuls qui puissent intéresser nos lecteurs :

Article 20. Faisons très expresses inhibitions et défenses à tous marchands de vin, traiteurs, cabaretiers, limonadiers, *débitants de bière et d'eau-de-vie et à tous autres particuliers faisant profession de donner à boire et à manger, même à ceux qui tiennent des jeux de boule, de donner à jouer ni souffrir que l'on joue chez eux aux dez, aux cartes, ni à aucun jeu de hazard, de quelque nature qu'il soit, quand même l'on n'y jouerait pas d'argent et que ce serait sous prétexte de payer les dépenses faites en leurs maisons et cabarets.*

Article 21. Ne pourront les marchands de vin, traiteurs, limonadiers, *marchands de bière et autres faisant profession de donner à boire et à manger dans la ville, faux bourgs et environs de Paris, avoir des violons et tenir des assemblées de danse chez eux les jours ouvriers, si ce n'est en cas de noces et à la charge d'obtenir la permission nécessaire, de la représenter préalablement au commandant de la garde de Paris et de faire retirer les violons à l'heure de minuit.*

Article 22. *Défendons aux dits marchands de vin,* limonadiers, *marchands de bière et eau-de-vie de donner à boire chez eux aux heures du service divin.*

Article 23. *Faisons défense à toutes personnes qui iront dans les jeux de billard, de faire aucuns paris, même de donner des avis et des conseils à ceux qui joueront.*

On se plaint quelquefois des tracasseries de la police actuelle ; si nos ancêtres revenaient à la vie, il est évident que, par comparaison, ils la trouveraient pleine de mansuétude.

CHAPITRE VII

LES MARCHANDS PRIVILÉGIÉS

Nous avons vu qu'en raison de la délimitation insuffisante des anciennes professions, les communautés empiétaient incessamment sur les attributions de leurs voisines et qu'il en résultait des procès nombreux et interminables; mais elles subissaient toutes un préjudice considérable de la part des marchands privilégiés qui pouvaient fabriquer et vendre, sans avoir payé aucune lettre de maîtrise.

Parmi ces marchands, les uns étaient privilégiés parce qu'ils habitaient dans certaines parties de la ville; les autres parce qu'ils avaient obtenu une autorisation soit de la Cour, soit de quelque seigneur ayant droit de juridiction, soit de quelque grand corps de l'Etat, soit enfin de quelque personne ayant obtenu du roi le droit de conférer un ou plusieurs privilèges.

Nous allons successivement examiner ces diverses catégories et, en premier lieu, celle qui était privilégiée par l'endroit même où elle s'exerçait. M. Alfred Franklin nous donne encore à ce sujet des détails très intéressants[1]. Dans

---

1. *Comment on devenait patron.*

ces lieux privilégiés, nous dit-il, on pouvait s'établir sans
justifier d'aucun apprentissage, sans faire de chef-d'œuvre,
sans obtenir la maîtrise. Ces immunités, d'origine très
ancienne, remontaient au temps où les seigneurs, abbés ou
chapitres réglementaient, comme ils l'entendaient, l'exercice du commerce et de l'industrie sur leur territoire.

Les principaux lieux privilégiés étaient :

> Le cloître et le parvis Notre-Dame.
> La Cour Saint-Benoist.
> — du Temple.
> L'enclos de Saint-Germain-des-Prés.
> — des Barnabites.
> — de Saint-Benoist.
> — de Saint-Martin-des-Champs.
> — de Saint-Denis-de-la-Chartre.
> — des Quinze-Vingts.
> — de la Trinité.
> — de Saint-Jean-de-Latran.
> — de Saint-Etienne-des-Grès.
> La rue de Lourcine.
> L'hôtel Zone (ou du *Fief*) et quelques maisons qui
> en dépendaient dans les rues des Bourguignons,
> des Charbonniers et des Lyonnais.
> Le faubourg Saint-Antoine.
> Les Galeries du Louvre.
> La manufacture des Gobelins.
> Les palais et hôtels des princes du sang.
> La circonscription du bailliage du palais.
> Les collèges, à l'égard des artisans qui leur servaient
> de portiers.

On voit combien est longue cette liste tout incomplète
qu'elle soit ; aussi cette concurrence portait-elle le plus

grand tort aux communautés qui s'efforçaient de la restreindre autant que cela leur était possible; elles déclaraient déchus de leurs maîtrise et honneurs les maîtres qui
allaient s'établir dans un lieu privilégié ; tout objet qui y
était acheté ne pouvait être livré hors de ses limites. Si
l'acheteur n'emportait pas son acquisition, il devait envoyer
quelqu'un de sa famille ou un de ses enfants en lui donnant
un certificat signé de sa main attestant qu'il avait acheté
tel ouvrage chez tel ouvrier ou tel marchand, pour son
usage et non pour celui d'autrui, que la personne qui
accompagnait ledit ouvrage se nommait un tel, était véritablement son enfant ou son domestique actuellement à
ses gages. Si toutes ces formalités n'étaient pas remplies,
l'ouvrage pouvait être saisi en route et confisqué par les
jurés de la corporation intéressée.

Ceux-ci revendiquaient aussi le droit de visite dans les
lieux privilégiés, mais ils ne l'exerçaient guère sans être
accompagnés d'un commissaire au Châtelet, précaution
utile si l'on en juge par l'aventure arrivée à l'un d'eux, à
la suite d'une visite faite rue de Lourcine :

Nous avons dit plus haut que cette rue était un lieu
privilégié ; elle dépendait, en effet, de la commanderie de
Saint-Jean-de-Latran qui faisait partie de l'ordre de Saint-
Jean-de-Jérusalem. L'enclos de Saint-Jean-de-Latran lui-
même était délimité par la place de Cambrai, les rues Saint-
Jacques, des Noyers et Saint-Jean-de-Beauvais; la seigneurie de Lourcine l'était par un bras de la Bièvre, par
les rues de Lourcine et du Champ de l'Alouette, par les
chemins du petit Gentilly et de la Santé et enfin par les
rues des Charbonniers et de l'Arbalète; l'hôtel de la
seigneurie dit hôtel du Fief ou hôtel Zone était situé dans la
rue de Lourcine.

Le 25 septembre 1691, Jean-François Sautreau, juré du
corps des merciers, se rendait dans cette rue et saisissait

plusieurs objets délictueux chez un mercier du nom de Jaunart ; puis il l'assignait, suivant l'usage, devant le lieutenant général de police, pour voir déclarer la saisie bonne et valable et ordonner la confiscation des objets saisis.

L'administrateur de la commanderie regarda cette saisie comme attentatoire à ses droits et alla se plaindre immédiatement au Grand Conseil qui ordonna l'arrestation de Sautreau. Sur-le-champ, quinze archers sous les ordres d'un huissier du Grand Conseil, se rendirent au domicile du malheureux juré, l'enlevèrent de sa boutique sans lui donner seulement le temps de prendre son chapeau et le traînèrent à pied par les rues jusqu'au Fort-l'Evêque où il fut écroué.

Les autres jurés réclamèrent aussitôt et adressèrent au roi une plainte dans laquelle ils représentaient que leur collègue *avait ainsi reçu l'injure la plus cruelle qu'on puisse faire à un marchand dont la réputation est de la dernière délicatesse. En sorte que cette violence serait capable de lui faire perdre son honneur et son crédit si Sa Majesté n'avait la bonté d'interposer son autorité.* Le roi, sans statuer au fond, ordonna que Sautreau serait élargi, que son écrou serait rayé et biffé et qu'à l'avenir aucunes contraintes ne pourraient être exercées contre les jurés à raison de leurs visites.

Les pensionnaires des Quinze-Vingts dont l'établissement était situé rue Saint-Honoré, logeaient beaucoup d'artisans qui jouissaient ainsi de la franchise et lorsqu'on voulut leur retirer ce privilège, ils adressèrent une supplique au roi, pour lui demander de le leur maintenir : *Sans lui,* y disaient-ils, *il nous sera impossible de vivre, car nous n'avons que deux sols marqués par jour pour notre vivre et pitance et entretien ; le loyer de nos chambres nous est donc indispensable si bien que nous nous résignons à vivre dans les caves et dans les greniers.*

Parmi les lieux privilégiés, le plus célèbre à juste titre, était les galeries du Louvre. La partie de la grande galerie qui commence au pavillon de Flore fut achevée sous Henri IV. Le roi en fit disposer le rez-de-chaussée en boutiques et en appartements et il eut l'idée d'y établir les maîtres les plus habiles des corporations vouées aux travaux artistiques : peintres, sculpteurs, ciseleurs, orfèvres, horlogers, tapissiers, brodeurs, menuisiers, couteliers, fourbisseurs, etc.

Nous en avons, disent les lettres patentes du 22 décembre 1608, *disposé le bâtiment en telle forme que nous puissions commodément loger quantité des meilleurs ouvriers qui pourraient se recouvrer... tant pour nous servir d'iceux comme pour estre par ce même moyen employés par nos sujets et aussi pour faire une pépinière d'ouvriers, de laquelle sous l'apprentissage de si bons maîtres, il en sortirait plusieurs qui, par après, se répandraient dans notre royaume et qui sçauraient très bien servir le public.*

Ces maîtres, hôtes du roi, devenaient indépendants de leur corporation et pouvaient travailler en toute liberté. Ils avaient chacun deux apprentis qui, après cinq ans de service, étaient reçus maîtres sans compagnonnage ni chef-d'œuvre ; on n'exigeait d'eux que la présentation d'un certificat en bonne et due forme signé de leur maître.

Les ateliers du Louvre comptaient parmi les curiosités de Paris. Deux jeunes Hollandais qui visitèrent cette ville en 1657 et dont le *Journal de voyage* a été publié par M. Fangère, s'y firent conduire et mentionnent ainsi leur visite : *De là nous allasmes à la galerie d'en bas qui est d'environ sept cents pas et aussi grande que celle d'en haut. Les plus excellents artisans de l'Europe y travaillent et c'est le roy qui les y loge. Devant chaque porte, il y a un escriteau du nom du maître qui y demeure.*

Les communautés tentèrent vainement de conserver leur autorité sur ces privilégiés du roi ; des lettres patentes de 1609 et de 1671 les maintinrent en possession de leurs droits et de leurs logements dont quelques-uns étaient encore occupés par des artistes en 1848. Horace Vernet, nous dit M. Franklin[1], naquit au Louvre, dans l'appartement qu'avaient successivement possédé Joseph, son grand-père et Carle, son père, tous deux maîtres de la galerie du Louvre.

L'hôpital de la Trinité avait un privilège particulier ; il conférait la qualité de maître aux artisans qui y avaient fait leur apprentissage ou qui y avaient instruit un apprenti dans une des cent vingt boutiques qu'il renfermait dans son enclos. Il était situé à l'angle de la rue Saint-Denis et de la rue Greneta ; on y recevait des orphelins des deux sexes qui y étaient élevés et y apprenaient un métier.

Parmi les professions qui pouvaient s'exercer dans ces cent vingt boutiques ne figure pas celle des limonadiers. L'enfant qui s'y destinait était envoyé dans une boutique située hors de l'enclos ; il en était de même pour plusieurs autres métiers.

L'apprenti de la Trinité était réputé fils de maître et il obtenait la maîtrise dès qu'il avait servi pendant le temps exigé par les statuts de sa corporation.

L'ouvrier qui désirait enseigner dans l'hôpital devait adresser sa demande au Procureur général. Il était ensuite examiné par les jurés de sa communauté, en présence de l'administrateur de l'hôpital et du Procureur du roi au Châtelet. La maîtrise lui était conférée d'office quand il avait entretenu et formé un apprenti.

Les jurés qui voulaient faire visite dans l'enclos n'y étaient admis qu'accompagnés de deux administrateurs de

---

1. *Comment on devenait patron.*

l'hôpital et de deux bons bourgeois ou marchands d'une compétence reconnue. Chaque année, soixante enfants environ étaient placés en apprentissage ; ils portaient un costume spécial qui leur fit donner le nom d'enfants bleus.

L'hôpital de la Miséricorde avait un privilège analogue ; il était situé rue Censier et était fait pour recueillir des orphelines au nombre de cent ; elles pouvaient y demeurer jusqu'à l'âge de vingt-cinq ans et n'en sortaient guère que mariées. Les administrateurs se chargeaient de leur choisir un époux parmi les ouvriers dont on pouvait garantir la conduite, et l'hôpital fournissait une dot à sa pensionnaire. En outre, le mari était reçu maître, dans sa corporation, gratuitement et sans chef-d'œuvre ; il lui suffisait de présenter son brevet d'apprentissage et l'acte de célébration de son mariage.

En dehors des lieux privilégiés, il y avait des seigneurs qui jouissaient du droit d'accorder des lettres de maîtrise dans les quartiers et faubourgs de Paris qu'ils prétendaient être sous leur juridiction ; parmi eux nous trouvons l'archevêque de Paris, le grand prieur de France, le prince de Carignan, etc.

Louis XIV n'était pas prince à supporter de pareils empiétements sur ses droits et, par un édit de février 1674, il supprima la justice du bailly du Palais dans les faubourgs Saint-Jacques et Saint-Michel et toutes les justices des seigneurs qui s'exerçaient dans Paris.

Dans un autre édit de décembre 1678, *considérant que les maîtrises établies par les seigneurs particuliers n'avaient aucun fondement solide, le roy seul ayant le droit d'établir des corps de métier dans le royaume.*

Que cependant il serait fort rigoureux d'oster à des artisans un titre et un moyen de gagner leur vie, qu'ils avaient acquis de bonne foi et qu'il était plus convenable de les faire maistres de la ville que de les dépouiller de la qualité de maîtres des faux bourgs.

Le roi *supprimait tous les corps et communautés de marchands, artisans, gens de métier, maîtrises et jurandes qui étaient établis dans les faux bourgs de Paris, même ceux des faux bourgs Saint-Denis, Saint-Martin, Montmartre, Saint-Honoré et Richelieu.*

Il ordonnait *que les maîtres des faux bourgs fussent censés et réputés maîtres de la ville et eussent faculté de tenir boutique ouverte dans Paris.*

Les biens et dettes des communautés correspondantes de la ville et des faubourgs devenaient communs et le nombre des maîtres pouvant être reçus chaque année, était doublé à titre de compensation.

Plus tard, un arrêt du Conseil d'Etat, daté du 28 novembre 1716 et renouvelé les 2 janvier et 12 octobre 1717, enjoignit à toutes personnes qui *ont ou prétendent avoir des privilèges en affranchissements de maîtrises, franchises etc. de représenter leurs titres de concession ou de confirmation.* A la suite de cette enquête, plusieurs des lieux privilégiés perdirent leurs immunités, mais la plupart les conservèrent.

Les rois qui prétendaient accorder aux maîtres des communautés leur protection bienveillante et qui la leur faisaient payer fort cher comme nous l'avons vu plus haut, ne se faisaient pas scrupule de leur créer des concurrents en vendant des lettres de maîtrise ; c'était toujours à l'occasion de quelque événement mémorable, tantôt de leur avènement au trône, tantôt de leur mariage, tantôt de la naissance de leurs enfants ou de ceux des princes du sang, tantôt de leurs entrées solennelles dans les principales villes du royaume.

C'est ainsi que nous voyons François Ier, à la date du 15 janvier 1515, créer un maître de chaque métier en faveur de Charles, duc d'Alençon, pair de France et de Marguerite d'Orléans, sa femme. Des créations analogues

ont lieu sous le même règne, le 7 janvier 1528, à l'occasion
de la naissance de Jeanne d'Albret, fille de Henri, roi de
Navarre; le 16 juin 1541, à l'occasion des fiançailles de
cette même princesse avec Guillaume, duc de Clèves; sous
Henri II, le 15 décembre 1547, pour la naissance de Claude
de France, fille du roi, et le 28 juin 1556 pour la naissance
d'une autre fille du roi, Victoire de France. François II fête,
en juillet 1559, son avènement en créant un maître de
chaque métier et dans toutes les villes du royaume.
Henri III en fait autant, une première fois, en février 1575,
à l'occasion de son avènement et, une seconde fois, peu de
temps après, pour son mariage.

Henri IV use encore plus volontiers de cette ressource que
ses prédécesseurs; à son avènement, il crée (le 26 décembre 1589) un maître de chaque métier; en 1602, il est si
heureux de la naissance de son fils, depuis Louis XIII, qu'il
crée quatre maîtres, toujours bien entendu dans chaque métier; en 1607, il en crée deux à l'occasion de la naissance de
son second fils, Gaston, duc d'Orléans, et, l'année suivante,
il ne peut pas en faire moins pour celle de son troisième fils,
le duc d'Antin.

De nouvelles maîtrises, deux par métier, sont créées à l'avènement de Louis XIII, puis à son mariage, puis au mariage de
sa sœur Henriette-Marie avec Charles Iᵉʳ, roi d'Angleterre et
au mariage de Gaston d'Orléans; à la naissance de Louis XIV,
c'est quatre maîtrises par métier; à son avènement, c'est six
maîtrises dont deux en faveur de la régente Anne d'Autriche.

Si l'on pouvait concevoir quelque doute sur le bénéfice que
le commerce et l'industrie devaient retirer de ces créations
successives, il suffirait, pour être édifié, de lire l'édit suivant
de Louis XV; il est de 1722.

*Louis etc. Les lettres de maîtrise en tous arts et métiers
créées par les rois nos prédécesseurs dans les occasions les*

plus remarquables de leurs règnes, ont toujours été regardées comme un soulagement *par ceux de leurs sujets qui n'étaient pas en état de se faire recevoir maîtres, soit par défaut d'apprentissage dans les villes où ils voulaient s'établir, soit par rapport aux droits trop excessifs que les jurés des arts et métiers voulaient exiger d'eux. Le feu roi, notre très honoré bisaïeul, créa, par deux différents édits du mois de mai 1643, six lettres de maîtrise de chacun art et métier dans toutes les villes et lieux du royaume, savoir quatre pour décorer son joyeux avènement, auxquelles il devait être pourvu par la reine sa mère régente et deux en faveur de la régence de ladite reine.*

Notre intention était de suivre cet exemple en faveur de notre cher et très aimé oncle, le duc d'Orléans, régent ; mais son attention à tout ce qui peut contribuer au soulagement de l'Etat l'a porté à les refuser ; il nous a remontré qu'il serait plus avantageux au peuple de créer le tout à notre profit et d'en ordonner le paiement en rentes sur l'Hôtel de Ville, rentes provinciales, liquidations d'offices supprimés et autres dettes de l'Etat liquidées ; que cela opérerait un double bénéfice en faveur du public, en diminuant les dettes de l'Etat et en donnant aux ouvriers et artisans porteurs de quelques-uns de ces effets les moyens de les employer utilement ; que cependant le nombre de six maîtrises de chacun art et métier serait trop considérable pour les villes et bourgs de médiocre grandeur et pourrait être à charge à ceux qui exercent aujourd'hui les dits arts et métiers, qu'il serait plus convenable de les proportionner suivant la grandeur et le nombre des habitants, en créant huit maîtres de chacun art et métier dans notre bonne ville de Paris, six dans chacune des villes de notre royaume où il y a une cour supérieure ; quatre dans celles où il y a présidial, bailliage ou sénéchaussée et deux seulement dans chacune des autres villes, bourgs et lieux de notre royaume où il y aura jurande. Nous nous y portons d'autant plus volontiers que la présente création tiendra lieu aussi de celle qui devait être faite à l'occasion de notre sacre et que le nombre des maîtres créés en chacun des arts et métiers sera moins considérable qu'il ne l'a été du règne de feu roi notre très honoré seigneur et bisaïeul.

Deux ans et demi plus tard, en juin 1725, Louis XV se mariait ; il épousait Marie Leczinska et, à cette occasion, paraissait l'édit suivant :

Louis etc. Les rois nos prédécesseurs ayant créé des lettres de maîtrise dans les occasions les plus remarquables de leurs règnes, nous nous sommes contenté jusqu'à présent d'en faire une seule création, pour tenir lieu de celles qui avaient été faites par le feu roi pour son avènement à la couronne, pour la régence de la reine sa mère et pour sa majorité. Mais l'occasion de notre mariage étant une de celles où il est d'usage de faire de pareilles créations, nous y sommes porté d'autant plus volontiers qu'elle nous produira un secours pour les dépenses extraordinaires de cette année, sans aucune charge sur nos finances, ni sur nos peuples ; le public y trouvera même un avantage, parce que la multiplication du nombre des maîtres pourra faire diminuer le prix des ouvrages et des journées qui sont encore parmi les artisans à un prix plus fort de moitié qu'elles ne devraient être par rapport à la valeur présente des espèces. Les corps des arts et métiers qui se sont d'ailleurs assez enrichis depuis quelques années n'y perdront que les droits qui leur auraient été payés à la réception de ceux de ces nouveaux maîtres que l'impossibilité de satisfaire à cette dépense n'aurait pas exclus pour toujours de la maîtrise et cela donnera la facilité à un grand nombre d'habiles ouvriers d'acquérir la maîtrise qu'ils n'auraient jamais pu se procurer, faute d'être en état de fournir aux dépenses des réceptions ordinaires.

Non contents de vendre ainsi eux-mêmes des lettres de maîtrise, les souverains en accordaient de temps en temps comme une sorte de gratification à ceux de leurs serviteurs qu'ils voulaient récompenser ; mais ceux-ci devaient s'empresser de les négocier. En effet, si le roi avait besoin de créer ou de faire créer par les communautés de nouvelles maîtrises, il commençait par annuler toutes les lettres de faveur qu'il avait accordées et dont il n'avait pas encore été disposé.

Etait-ce tout ? Pas encore, les maîtres des communautés avaient encore à redouter la concurrence des marchands privilégiés suivant la Cour.

Par le traité de Du Fauchet sur l'*Origine des magistrats ou dignitez de France* et par celui de Du Tillet sur *les Grands-Officiers,* on voit que dès le xiie siècle, quelques-uns de ces grands-officiers avaient leurs marchands et leurs artisans pour fournir la Cour de vivres, d'habits et de meubles ; ils étaient en droit de leur donner des lettres de maîtrise et ils leur accordaient même le privilège de tenir boutique ouverte dans Paris ; tels étaient le grand-maître de la maison du roi, le grand-chambrier, le grand-échanson, le grand-panetier, le grand-maréchal de l'écurie du roi ; ils avaient juridiction sur ceux qu'ils nommaient ainsi.

Ces privilèges et juridictions furent supprimés en 1355, sauf pour le grand-chambrier et le grand-panetier ; le premier de ces deux grands-officiers disparut en 1545, mais auparavant, il en avait été créé un autre dont les attributions devaient être considérables, c'était le grand-prévost de l'Hôtel.

Le droit d'accorder des privilèges aux marchands qui étaient spécialement attachés à la Cour, passa du grand-chambrier aux officiers maîtres de la garde-robe puis, en 1644, au seul grand-maître de la garde-robe, qui eut mission de choisir, pour le service de la Cour, deux des plus experts dans chacun des corps de marchands. Cependant, par abus, on en prit plus de deux et on admit des gens sans qualité n'ayant jamais exercé ni même fait d'apprentissage.

Sous Louis XII, il y avait quatre-vingt-treize de ces privilégiés. François Iᵉʳ trouva que c'était un nombre tout à fait insuffisant. Par lettres patentes du 15 mars 1543, il le porta à cent soixante, alléguant comme raison *qu'il estait souvent arrivé que les lieux où le roy avait passé ou fait séjour dans ses campagnes ou ses voyages avaient manqué de vivres et denrées parce que le nombre de quatre-vingt-treize marchands, artisans, pourvoyeurs et vivandiers establis par l'édit de Louis XII n'était plus suffisant.* Aussi, en 1577, sous Henri III, l'ambassadeur vénitien Lippomano écrivait-il : *La Cour, dans ses voyages, entraîne un si grand nombre de courtisans, de serviteurs et de boutiquiers qu'on dirait une cité entière qui s'en va.*

François Iᵉʳ avait aussi décidé que ces marchands seraient affranchis et exemptés de tous droits d'aydes et placés sous la juridiction du grand-prévost de l'Hôtel qui était chargé de leur déliver leurs commissions.

Nous avons déjà constaté la générosité de Henri IV, il l'affirma une fois de plus par l'édit du 16 septembre 1606 qui portait le nombre des marchands et artisans suivant la Cour à trois cent vingt. *Il est bon,* disait-il, *de fortifier cet établissement, considérant combien il nous a esté utile et à ceux de notre suite, pendant les derniers troubles, que nous avons tenu la campagne et fait séjour en nos armées esloignées des commoditez des villes les meilleures de notre royaume.*

Sur la plainte des communautés, Louis XIII réglementa le corps des marchands suivant la Cour. Dès lors, on exigea des aspirants la présentation d'un brevet d'apprentissage et ils durent, en outre, être examinés par quatre maîtres de leur métier, deux étant choisis dans leur corporation et les deux autres parmi les privilégiés. Ils accompagnaient la Cour et exerçaient partout où elle se transportait, même à Paris, mais devaient fermer boutique trois jours après son départ.

Le nombre de ces marchands fut augmenté de quarante par lettres patentes du mois de mars 1640 et de quarante encore par un édit de mai 1659 *dans le but,* est-il dit, *d'obtenir quelques secours pour aider à supporter les dépenses extraordinaires de la guerre.*

Divers autres privilèges furent encore accordés, si bien que, en 1669, ils étaient au nombre de cinq cent trente-quatre.

La liste de ces marchands est assez curieuse :

     10 drapiers.
     28 merciers.
     10 pelletiers.
     10 fourbisseurs.
     12 selliers.
      5 éperonniers.
     16 cordonniers.
     10 lingers.
     20 bouchers.
     30 rôtisseurs-poulailliers-poissonniers.
     25 marchands de vins tenant assiettes.
     12 marchands de vins en gros et en détail.
     12 fruitiers-verduriers.
      8 apoticaires.
     12 carreleurs de souliers.
     18 chaircuitiers.
     10 pâtissiers.
     12 boulangers.
      8 gantiers-parfumeurs.
     10 chandeliers.
      7 corroyeurs-beaudroyeurs.

4 libraires.
8 brodeurs.
10 passementiers.
7 verriers-fayenciers.
8 tapissiers-tentiers.
4 plumassiers.
6 chirurgiens-barbiers.
4 quincailliers.
6 découpeurs égratigneurs.
6 épiciers-confituriers.
8 ceinturiers.
7 chapeliers.
4 horlogers.
4 orfèvres.
8 ravaudeurs de bas de soie et d'estame.
4 parcheminiers.
4 vertugadiers.
16 cuisiniers traitants pour faire festin.
10 violons ou joueurs d'instruments.
6 armuriers.
8 arquebusiers.
4 peintres.
4 doreurs-graveurs.
4 damasquineurs.
2 charrons.
2 serruriers.
2 plombiers.
2 tondeurs de drap.
2 tireurs d'or.
2 teinturiers.
2 papetiers.
2 papetiers-colleurs.
2 paveurs.
2 vergetiers-raquetiers.

2 potiers de terre.

2 potiers d'étain.

2 batteurs d'or.

2 charpentiers.

2 courtiers de change.

2 peigniers-tabletiers.

2 maréchaux.

2 tonneliers.

2 couvreurs.

2 vinaigriers.

2 cordiers-filassiers.

2 opérateurs.

2 bourreliers.

2 bahutiers.

2 vitriers.

2 bonnetiers.

2 vendeurs de pain d'épice.

2 fondeurs.

2 maçons.

2 chaudronniers.

2 guaisniers.

2 éventaillistes.

2 éguilletiers.

2 lapidaires.

2 boursiers-gibeciers.

2 miroitiers.

2 imprimeurs en taille-douce.

2 peaussiers-teinturiers en cuir.

2 relieurs.

2 épingliers.

2 amidonniers.

2 ouvriers en bas et autres ouvrages au métier.

2 mégissiers.

2 taillandiers.

    2 *limonadiers-distillateurs.*
    2 boisseliers.
    2 pâtenôtriers.
    2 liniers-chanvriers.
    2 chiffonniers crieurs de vieilles ferrailles.
    2 brasseurs de bierre.
    2 sculpteurs.
    2 cousteliers.
    2 tanneurs.

Le Conseil du roi voyait avec regret ce développement exorbitant des marchands suivant la Cour et essaya à plusieurs reprises de réprimer cet abus ; mais il se heurtait toujours à l'opposition des grands-maîtres de la garde-robe ; cependant, en 1669, il réussit à obtenir de Louis XIV la suppression complète de ces marchands privilégiés.

Mais son triomphe ne fut pas de longue durée, car le prince de Marsillac, alors grand-maître de la garde-robe, obtint, en 1673, qu'on leur rendît leurs brevets et qu'on les confirmât dans leurs privilèges.

Le Conseil ne se tint pas pour battu et, le 29 octobre 1689, intervint une déclaration du roi qui réduisait à vingt-six le nombre des marchands et artisans suivant la Cour, savoir :

   12 tailleurs.
    8 cordonniers.
    2 pelletiers.
    2 brodeurs.
    2 merciers.

Les intéressés jetèrent les hauts cris, protestant qu'on les ruinait et faisant remarquer, non sans quelque raison, qu'on les dépouillait de leurs privilèges après les leur avoir fait payer à beaux deniers comptants ; en effet, la plupart d'entre eux avaient dû débourser des sommes relativement considérables pouvant s'élever à vingt-cinq mille livres et davantage.

Un arrêt du Conseil du 14 décembre suivant tint compte de cette situation et permit aux marchands et artisans en exercice d'y rester leur vie durant; c'était un tempérament assez juste apporté à la déclaration du mois d'octobre, mais, en réalité, le résultat fut que les choses restèrent en l'état et que les abus continuèrent comme par le passé.

En 1712, il y avait encore trois cent soixante-dix-sept charges de marchands suivant la Cour ; ils pouvaient tenir boutique ouverte à Paris tant que le roi y était ou était à Saint-Germain, Monceaux, Versailles, Fontainebleau ou autres lieux d'égale ou moindre distance.

Si le roi allait plus loin, ils devaient, sous peine de confiscation de leurs marchandises, fermer leur boutique de Paris et en tenir une ouverte bien garnie à la suite de la Cour. Des lettres patentes du 29 octobre 1725 renouvelèrent leurs privilèges ; il prescrivit à ceux qui voudraient désormais en acheter, de faire expérience en la Prévôté de l'Hôtel en présence du Procureur du roi et du syndic de leur communauté, de faire enregistrer leur privilège au greffe de la Prévôté de l'Hôtel, de le signifier aux bureaux des gardes ou jurés, de décorer leurs boutiques et établis de draps fleurdelysés et chargés de la devise ordinaire de la Prévôté de l'Hôtel, pour qu'ils pussent être reconnus et distingués des autres marchands et artisans et pour éviter que d'autres usurpent la qualité de privilégiés.

En 1776, au moment du rétablissement des communautés, il y avait quatre cents marchands privilégiés suivant la Cour dont quatre vinaigriers-limonadiers qui, aux termes de l'édit, durent payer 150 livres chacun pour droit de réunion. Le Prévôt de l'Hôtel reçut ordre de réduire leur nombre à trois cent quarante et un ; nous ne savons pas si cet ordre fut exécuté plus fidèlement que les précédents.

Un certain nombre de grands seigneurs et dignitaires avaient aussi des marchands attachés à leur suite ; les princes du sang, par exemple, le grand-prieur de France, le prince de Carignan et quelques autres.

Le Grand Conseil avait la prétention d'en avoir également ; sur une des listes publiées par ses ordres, nous trouvons :

1 chandelier.
1 menuisier.
1 cordonnier.
1 fripier.
1 boutonnier passementier.
1 épicier marchand d'eau-de-vie.
1 vinaigrier.

Les privilégiés de cette catégorie devaient faire enregistrer leur nomination aux bureaux des communautés dont ils entendaient exercer la profession ; l'enregistrement était gratuit.

Pour donner une idée des abus qui se produisaient, nous ne citerons qu'un fait : le 26 mars 1713, le duc d'Alençon vient au monde ; le même jour Mme de Navailles, marquise de Pompadour, est nommée sa gouvernante et, en outre, surintendante de sa maison. Le même jour aussi, ladite surintendante nomme Antoine-François Bachelier, gantier du jeune prince, avec faculté de mettre dans sa boutique un tapis aux armes de France *comme l'avait fait le gantier du duc d'Anjou.*

Le Conseil du roi essayait de réduire autant qu'il le pouvait tous ces privilèges ; il refusa au Grand Conseil le droit d'en accorder. Le 9 juin 1682, il cassa un arrêt rendu par le dit Grand Conseil en faveur d'un sieur Lanfert qui se prétendait layetier à la suite de ce corps et qui avait ouvert deux boutiques à Paris sans être maître ; en conséquence, le 2 juillet suivant, une ordonnance du Châtelet ordonna la fermeture de ces boutiques.

Il fallut quatre autres arrêts du Conseil du roi pour que le Grand Conseil abandonnât ses prétentions.

Citons encore le grand-panetier qui revendiquait une juridiction spéciale sur les boulangers et un hommage particulier de leur part ; ils devaient en effet, lui apporter un pot de romarin dans les trois ans qui suivaient leur réception et, tous les ans, le premier dimanche après les Rois, une pièce de monnaie qu'on appelait le bon denier ; il touchait, en outre, les amendes prononcées contre eux.

CHAPITRE VIII

LES JURÉS

Nous avons déjà dit que les distillateurs-limonadiers avaient quatre jurés élus pour deux ans ; mais ils étaient renouvelables chaque année par moitié. L'élection se faisait en l'hôtel du lieutenant de police, en présence du Procureur du roi au Châtelet ; elle avait lieu généralement à la fin du mois d'août, quelquefois par exception, dans les premiers jours de septembre. Tous les anciens et les modernes au nombre de vingt et les jeunes en même nombre formaient le corps électoral, les modernes et les jeunes étaient convoqués à tour de rôle suivant l'ordre du tableau. Les maîtres convoqués régulièrement qui ne se présentaient pas étaient punis d'une amende de 10 livres, ceux qui assistaient à la réunion recevaient des jetons de présence [1].

Pour être élu juré, il fallait, au moins, dix ans d'exercice.

Nous avons vu que l'édit d'août 1777 substitua un autre mode d'élection à celui que nous venons d'indiquer ; nous n'avons pas à revenir sur ce point. Voici la liste des jurés aussi complète que nous avons pu la reconstituer :

1674 Eloy Tardy.
      Mathieu Coustier.

1. Voir page 151.

1675 Thomas Lesguillon de La Ferté.
Pierre Paul.

1676 Augustin Champagnette.
Nicolas Chartier.

1677 Thomas Le Forestier.
Nicolas Lemarchand.

1678 Pierre Rouxel.
Pierre Proffit.

1679 Jean Lefébure.
Pierre Toulmonde.

1680 Nicolas Coquillart.
Jacques Laplace.

1681 Jean Grivol.
Pierre Salomon.

1682 Guillaume Gombault.
Etienne de la Nouée.

1683 Nicolas Charlier.
Charles Sauvage.

. . . .

1687 Nicolas Briet.
Pierre Rigotal.

1688 Antoine Prévost.
Jacques Maisnil.

1689 Antoine Ribus.
François Forgeot.

1690 Claude-Antoine Parrot.
Gilles Dubut.

1691 Nicolas Cappolain.
Antoine Robert.

1692 Louis Deverey.
Antoine Richer.

1693 Procope Coustrau.
Jean Richard.

1694 Pierre Profit.

JETONS DE PRÉSENCE
(Collection des Médailles, Bibliothèque Nationale.

1694 Laurent Dubuc.
1695 Jean Filiot.
    Nicolas Helin.
1696 Moyse Bertrand.
    Jean Le Grain.
1697 Jacques Boscheron.
    Pierre Bouloche.
1698 Pierre Béguin de Beauregard.
    Pierre Vernier.
1699 Pierre Lemarchand.
    Philippe Montagne.
1700 Jean Bonnet.
    Jean Ravillon.
1701 Martin Dupuis.
    Nicolas Ruelle.
1702 Guillaume Gervais.
    Alexandre Bouziges.
1703 Joseph Bèche.
    Pierre Dufour.
1704 Nicolas Ruelle.
    Antoine Savin.

En 1705, la corporation est supprimée ; cependant elle continue à exister en fait et a toujours des jurés dont nous maintenons le nom sur notre liste :

1705 Mathieu Jamet.
    Louis de Lavoisière.
1706 Toussaint Bonnamy.
    Laurent Ferret.
1707 Moyse Bertrand.
    Jean Filio.
1708 Pierre Lemarchand.
    Jacques Lefèvre.

1709 Jacques Lejeune.
   Guillaume Marion.
1710 Claude Parisot.
   Bernard Giraudot.
1711 Nicolas Ruelle.
   Laurent Maubert.
1712 Alexandre Bouziges.
   Etienne Canneau.
1713 François Rogeau.
   Antoine Dubois.
1714 Jean-Antoine Jobert.
   Nicolas Rainteau.
1715 Nicolas Jouette.
   Nicolas de la Noue.
1716 Pierre Gervais.
   François Lautrac.
1717 (les noms manquent).
1718 Pierre Beguin de Beauregard.
   Bernard Giraudot.
1719 Louis Lavoisière.
   Alexandre Bouziges.
1720 Gilles Adam.
   Pierre Cauchy.
1721 Philippe Brice.
   Philippe Carrette.
1722 Thomas Lapérette.
   François Fanier.
1723 Blaise Lescure.
   Pierre Plantet.
1724 Charles Bréan.
   Bertrand Deschamps.
1725 Pierre Brézin.
   Jean Lefèvre.
1726 Louis Mangis.

1726 Michel Bertault.
1727 Claude Suzanne.
     Marin Gandon.
1728 Pierre Poinsot.
     François Thoy.
1729 Joseph Bourbon.
     Pierre Duval.
1730 François Seigneuret.
     Jean Laumier.
1731 Jérôme Charpentier.
     Jacques Jourdan.
1732 François-Joseph Joannes.
     Lazare Bruandet.
1733 Pierre Binon.
     Louis Voillot.
1734 Louis Hélie.
     Joseph Tarteau.
1735 Gabriel Dubuisson.
     Jacques Leroy.
1736 Antoine Godin.
     Pierre Buzelin.
1737 Hubert Sincerre.
     Jean Luce.
1738 Pierre Rochebrune.
     François Beauvais.
1739 Jacques Bertault.
     Jean-Baptiste Doniol.
1740 François Carrier.
     Antoine Billard.
1741 François-Joseph Bricon.
     Remy Le Clerc.
1742 Etienne Thiot.
     François Brisson.
1743 Edme Bontemps.

1743 François Fournier.
1744 François Nay.
     Guillaume Ray.
1745 Antonin Destrez.
     Jean-Baptiste Frotin.
1746 Jacques Bouvet.
     Jean-Baptiste Lemarinier.
1747 François Poisson.
     Jean Moraine.
1748 Simon Minguet.
     Gilles Carré.
1749 Michel Bonnemain.
     Nicolas Laurent.
1750 Clovis Lemaire.
     Léopold-François-Grégoire Brissot.
1751 François Boussier.
     Edme Viard.
1752 Claude Valliet.
     Pierre-René Maciet.
1753 Marie-René Bernard.
     Pierre Millet-Mottet.
1754 André-Luc Pluvinet.
     Antoine Vineux.
1755 Pierre-Laurent Flamant.
     Ambroise Menguy.
1756 Jean-Baptiste Lefèvre.
     François Bertaut.
1757 Sébastien Bienassis.
     Firmin Wable.
1758 Augustin Garnotelle.
     François Lassé.
1759 Claude Després.
     Louis-Michel Lecomte.
1760 Pierre Guérin.

1760 Antoine Patin.
1761 Jean Teston.
     Pierre Fortenfant.
1762 Nicolas Fagart.
     Gilles Trouard.
1763 Louis Cauvin.
     Pierre Nicolas Tubeuf.
1764 Nicolas Ricourt (qui meurt en exercice et est
     remplacé par) *Louis Couvreux.*
     Edme-Claude Richard.
1765 Louis Morel.
     Jean-Pierre Cordier.
1766 Nicolas Allou.
     Jean Chevalier.
1767 Jean Roy.
     Jean-Baptiste Geffroy.
1768 Nicolas Loyauté.
     Désiré-Esprit Pillart.
1769 Antoine Pourchet.
     Joseph Laflotte.
1770 Maximilien Cotarde.
     Jean-Baptiste Deloche.
1771 Guillaume-François Cambernon.
     Pierre Frotin.
1772 Jean Rigny.
     Joseph Soulier.
1773 Germain-Pierre Daliron.
     André Arvisenet.
1774 Antoine-Joseph Mabille.
     Jean-Jacques Jamin.
1775 François Haquin.
     Edme Hemery.

En 1776, la suppression momentanée des communautés

intervient au mois de février ; il n'y a donc point d'élection de jurés.

1777 Michel-Louis Perret.
Claude Potron.
1778 Jean-Baptiste Deloche.
François Bordin.
1779 Louis Cogery.
Mathurin Capitaine.
1780 Pierre-Louis Boucault.
Jacques-Nicolas Julien.
1781 Jean-Charles Tochon-Danguy.
Claude-Joseph de Beauvais.
1782 Louis-Claude Lallemand.
Jean Boron.
1783 Jean Rigny.
Jacques-Edouard Haudron.
1784 Jean Houllier.
Pierre Cuisin.
1785 Gravelle.
Genaille.
1786 Janin.
Lobet.
1787 André Gibé.
Claude Lacroix.
1788 Aubertin.
Adrien Danois.

Il ne semble pas que la communauté ait élu des jurés en 1789, ni, à plus forte raison, l'année suivante.

Les jurés, une fois élus, prêtaient serment devant le lieutenant général de police qui leur délivrait une commission les autorisant à faire les visites réglementaires.

Pendant quelques années, à la suite de la création d'offices

de jurés héréditaires réunis à la communauté moyennant
finances, la nomination des jurés devait être confirmée par
le roi ainsi qu'il résulte d'une ordonnance dont voici le texte :

*Louis, par la grâce de Dieu, roi de France et de Navarre,
à tous ceux qui les présentes lettres liront, salut :*

*Les jurez anciens et aucuns maîtres de la communauté des
maîtres limonadiers-distillateurs marchands d'eau-de-vie et
toutes liqueurs de notre bonne ville et faux bourgs de Paris,
s'étant assemblés suivant la faculté à eux accordée par
notre déclaration du 12 juillet 1697, nous ont nommé la
personne de Jean Filio, l'un des maîtres de la dite communauté, au lieu de Jean Richard, dernier pourvu de l'un des
offices de jurez de la dite communauté, pour exercer par le
dit sieur Filio, pendant deux années à commencer du
sixième septembre 1695 et qui finiront au cinq septembre de
l'année que l'on comptera 1697, un desdits offices de jurez
de ladite communauté, ainsi qu'il paraît par le procès-verbal
de sa nomination dudit jour sixième septembre 1695, cy-
attaché sous le contrescel de notre chancellerye.*

*Lequel Jean Filio nous avait très humblement supplié
vouloir luy accorder nos lettres de confirmation de sa nomination à ce nécessaires.*

*A ces causes, pour le bon et louable rapport qui nous a
été fait et rendu du sieur Filio, nous avons confirmé et
approuvé, confirmons et approuvons par ces présentes la
nomination qui nous a été faite de sa personne pour exercer
pendant deux années à commencer du sixième septembre
1695 et qui finiront au cinq septembre ledit office de juré de
ladite communauté des maîtres limonadiers-distillateurs-
marchands d'eau-de-vie et toutes sortes de liqueurs de notre
bonne ville et faux bourgs de Paris, pour ledit office tenir
et dorénavant exercer en fait et user aux droits, fonctions,
privilèges, prérogatives et exemptions y attribuez tout ainsi
qu'en a joui ou dû en jouir ledit Richard.*

Et donnons mandement à notre ame et féal conseiller notre

*Procureur dans la ville et faux bourgs de Paris, le sieur
Robert que, lui ayant apparu de se présenter, il ait à prendre
et recevoir le serment du dit Filio en tel cas requis, sans
estre par luy tenu aucune information de vie et mœurs dont
nous l'avons deschargé et deschargeons par ces présentes et
faire jouir ledit Filio pleinement et paisiblement dudit
office pendant ledit temps et luy faire obéir et entendre de
tous ceux et ainsi qu'il appartiendra en choses concernant
ledit office.*

*Car tel est notre plaisir. En témoin de quoi, nous avons
fait mettre notre scel à ces présentes.*

*Donné à Paris le vingt-deuxième jour de septembre l'an
de grâce mil six cent quatre-vingts quinze et de notre règne
le cinquante-troisième.*

> *Sur le réply*   *par le roy*

> (signé) *Gaudron.*

Et scellé du grand sceau de cire jaune.
*Ces présentes, pour remettre écrites ainsi que l'expédition,
de la main de Gebert dont je me sers.*

Les jurés se réunissaient au bureau de la communauté
toutes les semaines, le lundi. Leur emploi n'était pas une
sinécure, il faut bien le reconnaître; ils avaient tout d'abord
à faire reconnaître leur autorité par les autres maîtres souvent jaloux de leur élévation.

Nous voyons, en 1722, les quatre jurés en exercice Gilles
Adam, Pierre Gauchy, Philippe Brice et Philippe Carette,
porter plainte d'accord avec trois anciens jurés, Jean Filio,
Louis Lavoisière et Alexandre Bouziges, contre trois maîtres
Antoine Desgranges, Jacques Bara et Nicolas Hains, qui
les avaient insultés, injuriés et molestés; la manche du
justaucorps de Lavoisière avait même été déchirée dans la
bagarre. Les trois perturbateurs furent condamnés à 20

livres d'amende chacun, à 30 livres de dommages-intérêts et aux dépens.

Le 3 novembre 1731, les jurés en exercice, François Seigneuret, Jean Lannier, Jérôme Charpentier et Jacques Jourdan, adressent une requête au lieutenant de police, ils lui exposent *qu'ils ont le malheur d'avoir dans le nombre de leurs maîtres des esprits vifs et turbulents qui, loin de se comporter avec tranquillité, s'ingèrent de venir aux élections des jurés et aussi au bureau des exposants, les jours de réception des maîtres, sans être du nombre des anciens, modernes et jeunes appelés aux dites élections et réceptions et même les autres jours que les exposants y traitent des affaires de leur communauté, où ils manquent de respect envers eux et leurs anciens et profèrent contre eux tous nombre d'injures, même jusqu'aux invectives atroces.*

Le lieutenant de police prononça une amende de 10 livres contre chacun des contrevenants, leur défendit de troubler les jurés dans leur bureau et rappela que, dans les assemblées, les maîtres devaient donner leur avis dans l'ordre où ils étaient inscrits sur le tableau de réception.

Comme on le voit, les réceptions de maîtres se faisaient au siège de la communauté, sous la surveillance des jurés qui devaient aussi contrôler l'accomplissement du chef-d'œuvre.

Ils avaient ensuite une mission très absorbante, c'était de visiter, deux fois[1] par an, les boutiques et laboratoires de tous les maîtres afin de voir si les règlements étaient observés ; ils devaient aussi surveiller les intrus qui se permettaient de vendre des liqueurs sans en avoir le droit. S'ils constataient des contraventions, il leur fallait dresser des procès-verbaux, opérer quelquefois des saisies et intenter des actions devant le lieutenant de police.

---

1. Plus tard, ce fut quatre fois.

Ces procès étaient fréquents.; nous en avons déjà donné quelques exemples ; en voici quelques autres encore :

C'est la veuve Marchand qui se refuse à payer aux jurés 3 livres pour frais de visite et qui est condamnée à s'exécuter par sentence du Châtelet.

Le 1er février 1701, les jurés opèrent une saisie sur Pierre de Milly et sa femme, comme exerçant le métier sans qualité ; Pierre Roussel, maître distillateur, vient déclarer qu'il est propriétaire de la boutique ; on lui accorde la mainlevée de la saisie, mais il lui est enjoint de ne plus employer Milly et sa femme et de les mettre hors de son service et de sa maison.

Il n'en fait rien et, cette fois, sur un nouveau procès-verbal des jurés, il est condamné à cent livres d'amende et aux frais.

Au commencement de l'année 1719, les jurés distillateurs-limonadiers font une descente rue du Four, chez un sieur Quesnel et sa femme qui exercent le commerce sans lettre de maîtrise ; ils opèrent la saisie et en demandent la validation. Menyer, commissaire du Châtelet, se rend chez les époux Quesnel pour les interroger, mais ils le mettent à la porte. Pour agir ainsi, ils avaient évidemment un haut protecteur ; ce grand personnage n'était rien moins que Nicolas Jourdain, suisse de Mme la princesse de Montbazon et ci-devant suisse de feu le duc de Berry.

Malgré cet appui, une sentence du Châtelet du 26 mai déclare la saisie valable, ordonne la fermeture de la boutique et condamne Quesnel et sa femme à 100 livres d'amende et à 50 livres de dommages-intérêts.

A la fin de l'année 1731, les jurés font une saisie sur Anne Robert, marchande de tabac, qui se mêlait aussi de vendre les liqueurs ; furieuse, elle les invective ; mal lui en prend, car une sentence du 4 janvier 1732 valide la saisie et condamne Anne Robert à vingt livres d'amende, à cent livres

de dommages-intérêts pour la contravention et pour les
injures qu'elle a proférées.

Le 18 juillet 1732, François Richard qui, sans qualité,
vend des ratafias et des liqueurs, voit ses marchandises
confisquées et est condamné à cinq livres d'amende, à vingt
livres de dommages-intérêts.

Le 8 janvier 1734, validation de la saisie opérée sur Mar-
fondet, marchand épicier, rue Galande, de liqueurs et
d'ustensiles.

En mars 1740, une saisie de marchandises et d'ustensiles
est faite chez un limonadier sans qualité, nommé Louis
Bazire ; Louise-Jeanne Dinet, veuve de Claude Planté qui
avait été maître, intervient et déclare que Bazire est son
garçon ; la saisie n'en est pas moins déclarée bonne ; Bazire
est condamné à trois livres d'amende et, en outre, conjointement avec la veuve Planté, à dix livres de dommages-
intérêts.

La même année, on opère une saisie chez Nicolas Blin
qui, ayant épousé la fille d'un maître, Georges Roussel,
voulait ne payer que quatre-vingt-douze livres pour droit de
réception. Il est condamné à en payer sept cent soixante-dix
à peine de fermeture de son établissement. Cependant on lui
accorde pour le paiement un délai de six mois, mais sans
qu'il puisse tenir boutique ouverte pendant ce temps. Il est
de plus condamné à 20 livres de dommages-intérêts.

Les jurés n'étaient pas toujours aussi heureux dans les
poursuites qu'ils exerçaient. C'est ainsi que La Pérelle,
Lefèvre et Plantet, qui étaient en exercice en l'année 1724,
font procéder à deux saisies sur la veuve Dupont, bouque-
tière, qui vendait de l'eau-de-vie sur une petite table et à
petites mesures à la porte du sieur Prévost, notaire, au
coin du Petit-Marché. Le 14 mars et le 1er avril, on saisit
plusieurs petits verres, gobelets et bouteilles d'eau-de-vie
et de jus confits à l'eau-de-vie,

Mais le Conseil d'Etat rend, le 11 avril, un arrêt par lequel, considérant que ces saisies sont contraires à un arrêt qu'il a rendu le 27 septembre 1723, les déclare nulles et condamne les trois jurés personnellement et solidairement à cent livres de dommages-intérêts envers la veuve Dupont ainsi qu'aux frais.

Les jurés avaient encore à s'occuper, quand il y avait lieu, de négocier les emprunts que la communauté avait besoin de contracter, d'assurer le paiement des intérêts et le remboursement aux échéances arrêtées ; d'après ce que nous avons dit des exactions dont les limonadiers avaient été l'objet, ce ne devait pas être une mince besogne.

Comme dédommagement, les jurés percevaient le droit de visite et recevaient quelques émoluments lors de la réception des maîtres ; le tout ne devait pas former un total bien élevé, mais il convient d'ajouter qu'ils avaient le droit de porter la robe et la toque, et la jouissance d'un carrosse ; ce carrosse leur était commun, bien entendu.

On était donc juré pour l'honneur et non pour réaliser un bénéfice ; mais, en réalité, la plupart de ceux qui passaient par cette charge y étaient de leur poche, bien que le lieutenant de police leur eût alloué trois pour cent sur le montant des emprunts contractés. Pour ne rien perdre, ils avaient trouvé un moyen bien simple, c'était de ne pas rendre de comptes à leurs successeurs qui prenaient la caisse dans l'état où elle se trouvait, c'est-à-dire toujours en déficit.

Les maîtres qui n'avaient pas l'espoir de devenir jurés trouvaient, non sans raison, cette façon de procéder irrégulière et ils finirent par élever des réclamations qui furent accueillies par le roi. Un édit du 3 mars 1716 *reconnaissant que les communautés ont été obligées de contracter des dettes tant pour la réunion de plusieurs offices que pour diverses causes et constatant qu'elles sont hors d'état de payer, ordonnait aux jurés de rendre leurs comptes, dans l'espoir que la revision pourrait procurer une partie des fonds nécessaires aux paiements en souffrance.*

L'effet de l'édit devait remonter jusqu'en 1682 ; tout juré qui ne remettrait pas son compte aux commissaires nommés par le roi pour effectuer la revision devait être condamné à mille livres d'amende.

L'opération fut laborieuse et fort longue ; on comprend que les jurés, dont les comptes étaient examinés au bout de trente ans après leur exercice, avaient quelque peine à les reconstituer après un tel délai ; aussi se trouvaient-ils toujours obligés de payer un reliquat.

Pour donner une idée de la lenteur avec laquelle on procédait, nous ne citerons qu'un exemple : P. Lemarchand et Philippe Montagne avaient été jurés comptables de 1700 à 1701 ; leur compte ne fut vérifié qu'en 1730 ; comme Montagne avait fait défaut, il fit opposition à la sentence des commissaires et l'arrêt définitif n'intervint qu'en 1740.

CHAPITRE IX

LA CONFRÉRIE

Des confréries ou associations religieuses sous le patronage d'un saint étaient presque toujours annexées aux corporations ; la communauté des distillateurs-limonadiers ne pouvait manquer à cette règle.

Nous avons trouvé au département des estampes de la Bibliothèque nationale, une gravure dont nous donnons ci-contre la reproduction et qui prouve que cette confrérie existait dès 1676 ; elle avait pris comme nom *La confrérie du Saint-Esprit* et était placée sous l'invocation de Saint-Louis.

En tête de cette gravure, qui est loin d'être une œuvre d'art, on lit :

La Confrairie du Saint-Esprit
Sous le nom de Saint-Louis

Entre les deux parties du dessin figurent ces mots :

In spiritu vivunt omnia et ille est in corpore suo sicut vivens[1]

---

1. Toutes choses vivent dans l'esprit et il est comme vivant dans le corps.

Au-dessous du dessin, on lit à gauche :

ORAISON.

Venès, remplissés nos Ames De vos clartés et de vos flammes. Et par vos grâces rendés parfaicts Les cœurs que votre pouvoir a faits.

A droite :

Sainct Louis vous avés esté un Esprit divin et Roy en effect.

ORAISON

Deus qui Beatum Ludovicum confessorem tuum de terreno regno ad Cælestis regni gloriam transtulisti ejus quæ sumus meriti et intercessionem regis regum Jesu-Christi filiy tui facies nos esse consortes.

Puis au-dessous :

On solemnise toujours la Feste du Sainct-Esprit le Lundy de la Pentecoste et celle de Sainct-Louys le 25ᵉ jour d'août auxquels jours se fait la procession et se dit la Messe solennelle à dix heures du matin.

Et le Mardy de la Pentecôte et le lendemain de Sainct-Louys se célèbre un service pour les deffuncts confrères à neuf heures précises.

Et tous les premiers lundis de chacun mois se dit une messe du Sainct-Esprit pour les confrères à sept heures précises, le tout dans l'église de la Très-Sainte-Trinité rue Saint-Denis.

Cette planche a esté faite des deniers de la Confrairie du Sainct-Esprit, sous le nom de Sainct-Louis, érigée par la communauté des maîtres distillateurs, marchands d'eau-de-vie, liqueurs, essences et limonades.

Du temps de Thomas Laiguillon de La Ferté, syndic, Nicolas Le Marchant, Augustin Champagnette, de Lisle,

La Confrairie du Sainct Esprit soubs le Nom de Sainct Louis

IMAGE CONFRÉRIE SAINT-LOUIS

(Bibliothèque Nationale, Estampes, *Livre des Confréries*, p. 157.)

*Thomas Le Forestier, Nicolas Chartier, Pierre Paul et
Urbain Goubot, jurés et gardes de la dite communauté pour
lors en charge, le 20ᵉ de juillet 1676 et de Claude Baudart
ancien maître de ladite confrairie.*

Remarquons le nombre des jurés ; il tient à la réunion
opérée cette même année 1676, au mois de mars, entre les
deux corporations des distillateurs et des limonadiers, ce
qui donnait huit jurés au lieu de quatre.

La confrérie ne resta pas longtemps attachée à l'église
de la Trinité ; la corporation, en effet, établit bientôt son
bureau, 4, rue de la Pelleterie et résolut de transporter
la confrérie en l'église de Saint-Denis-de-la-Chartre, qui
était située rue de la Lanterne.

Comme il n'existe plus aujourd'hui ni église Saint-Denis-
de-la-Chartre, ni rue de la Pelleterie, ni rue de la Lanterne,
il nous faut donner quelques explications à nos lecteurs.

La rue de la Lanterne était située dans la Cité et abou-
tissait d'un côté au pont Notre-Dame, de l'autre, à la
rue de la Juiverie ; elle tirait son nom d'une lanterne située
à l'encoignure de la rue des Marmousets ; à notre époque,
elle est réunie avec celle-ci sous une seule appellation : rue
de la Cité.

La rue de la Pelleterie était la première rue à droite
dans la rue de la Lanterne, en venant du pont Notre-Dame,
et se prolongeait parallèlement au cours de la Seine jusqu'à
la rue Saint-Barthélemy ; les maisons du côté droit de la rue
donnaient sur le quai ; c'était une ancienne juiverie. Après
l'expulsion des Juifs, Philippe-Auguste donna dix-huit
maisons de cette rue aux pelletiers, moyennant 73 livres
de cens ; de là, le nom de la rue. Le numéro 4, où se
trouvait le bureau de la communauté des distillateurs-
limonadiers, était connu sous le nom de la maison de
l'image Notre-Dame.

L'église Saint-Denis-de-la-Chartre se trouvait à l'angle de la rue de la Lanterne et de la rue du Haut-Moulin, à gauche, en venant du pont Notre-Dame ; elle était fort ancienne ; on affirme même qu'elle existait du temps de sainte Geneviève, qui s'y rendait toutes les nuits, du samedi au dimanche, pour les vigiles ; elle était dénommée *de carcere*[1], et en langue vulgaire, de la Chartre, en raison de la proximité de la prison de Paris qui avait été transférée en cet endroit vers 586.

Plus tard, on prétendit qu'elle avait été bâtie sur l'emplacement de la prison où avait été enfermé saint Denis, avant de subir le martyre. Quelques archéologues, et non pas des moindres, ont émis une troisième opinion : ils admettent que le nom de la Chartre fait bien allusion à la prison où fut enfermé saint Denis, mais pensent que cette prison était bâtie en face de l'emplacement où fut élevée l'église de Saint-Denis, et aurait été remplacée plus tard par l'église Saint-Symphorien.

Quoi qu'il en soit, on montrait dans l'église Saint-Denis-de-la-Chartre une chapelle souterraine qu'on disait être le cachot où avait été enfermé le martyr ; on y voyait même les chaînes dont il avait été chargé ainsi que la clef de la prison.

L'église fut d'abord desservie par des chanoines auxquels, vers l'an 1000, un chevalier nommé Ansold et sa femme Bertrude firent don de leurs domaines situés à Limoges et à Fourches, villages des environs de Paris

En 1133, l'abbé était Henri de France, frère de Louis VII ; mais la reine Adélaïde ayant eu besoin, pour y placer des religieuses qu'elle protégeait, de l'abbaye de Montmartre où se trouvaient des moines de l'ordre de Cluny, qui dépendaient de l'abbaye de Saint-Martin-des-Champs, transporta ces moines à Saint-Denis-de-la-Chartre.

1. De la prison.

Au bout d'un certain temps, le prieuré passa entre des
mains laïques et y resta fort longtemps; on n'y trouvait
plus de religieux, mais, comme le domaine possédait le droit
de haute justice et la franchise des métiers, on avait fait
construire dans l'enclos attenant à l'église huit grands
corps de logis, de quatre à cinq étages, où logeaient des
marchands et artisans qui n'avaient point besoin de s'affilier
à une communauté.

Les prieurs ne cherchaient qu'à tirer le plus gros revenu
possible de leur domaine et ils n'étaient pas scrupuleux
sur le choix des moyens. En 1629, le curé de Saint-Symphorien se plaignait de ce que l'on eût laissé s'installer,
devant la porte de son église, deux bouchers et un rôtisseur,
ce qui donnait lieu à des scènes scandaleuses; le prieur
d'alors, Hugues de Berland, avait fait mieux; il avait établi
sur la voûte même de la chapelle souterraine de la Sainte-
Chartre, une tuerie de boucher; le fait fut constaté par un
procès-verbal officiel.

En 1658, Mazarin rétablit la conventualité de la Chartre
et y fit rentrer des religieux de Saint-Martin-des-Champs,
qui rendirent à l'église sa bonne renommée et surent y
attirer les fidèles; malheureusement Saint-Denis-de-la-
Chartre se trouvait dans une situation désavantageuse.

Lorsque le pont Notre-Dame fut rebâti sous Louis XII,
on élargit la rue de la Lanterne de vingt pieds et il fallut,
en outre, en relever le pavé de six pieds afin de le raccorder
avec la chaussée du pont. L'église de Saint-Denis resta en
contre-bas, séparée du quai par une petite place et par deux
maisons dites, l'une du Porc-Épic, l'autre des Quatre-
Vents.

Quand on arrivait par la rue de la Lanterne, on descen-
dait tout d'abord un escalier de six marches qui conduisait
à une plate-forme au milieu de laquelle s'élevait une croix;
c'est là que les individus condamnés par la haute justice du

prieuré venaient faire amende honorable. Il fallait descendre encore quelques marches pour arriver à la porte de l'église.

Cependant Anne d'Autriche la fit réparer à ses frais en 1665, et Saint-Denis-de-la-Chartre subsista jusqu'à la Révolution ; elle fut vendue en deux lots au cours de l'année 1798 et démolie seulement en 1810. Elle ne présentait d'ailleurs aucun intérêt au point de vue artistique ; elle avait été renouvelée peu à peu et l'on n'y voyait plus d'un peu ancien que les piliers de la chapelle souterraine qui dataient du XIIe ou du XIIIe siècle.

Lorsque les distillateurs-limonadiers vinrent s'installer rue de la Pelleterie, l'église de Saint-Denis-de-la-Chartre possédait déjà plusieurs confréries, notamment celle des drapiers-teinturiers dont le bureau était également situé rue de la Pelleterie et celle des plumassiers marchands de panaches qui avaient le leur pont Notre-Dame.

Mais il existait aussi une confrérie ouverte à tous les fidèles à laquelle se rapporte la gravure ci-contre.

Au-dessous on lit :

La confrérie de Saint-Denis, érigée dans l'église du même nom, sise au bout du pont Notre-Dame.

Les jours pour gagner l'indulgence concédée à perpétuité par Notre Saint-Père le Pape Alexandre VII, sont les festes de Saint-Denis le 9{e} octobre et pendant l'octave de Saint-Benoist, le 21{e} mars, de sa translation le 11{e} juillet et de l'invention de Saint-Denis le 21 avril.

Au-dessus de l'image de Saint-Denis dans sa prison, on continue :

Instruction aux âmes dévotes de Saint-Denis l'Aréopagiste dans sa Chartre où l'on conserve ses chaînes sacrées et la pierre à laquelle il a été attaché qui sont les premiers instruments de son supplice.

CONFRÉRIE DE SAINT DENIS DE LA CHARTRE

(Bibliothèque Nationale, *Livre des Confréries*.)

Les fidels qui ont recours à ce premier apostre de la France pour obtenir de Dieu la guérison des morsures de bêtes enragées en apliquant ses chaînes sur la place, les Enfants en chartre et languissant, les Agonisants, les Femes enceintes, et qui invoquent pour la conversion des pécheurs, débauchées et hérétiques, pour l'union et concorde dans les familles et réconciliation des Ennemys, et ceux qui ont des procès afin que les juges leur rendent bonne et brève justice, reçoivent des grâces singulières de Notre-Seigneur par l'intercession du grand Saint-Denis et des prières qu'on offre dans sa Chartre qui a esté sanctifiée par Jésus-Christ mesme qui communia Saint-Denis et ses compagnons dans ce saint lieu avant qu'ils fussent conduits au suplice. L'on visite sa Chartre ou prison les lundis, mardis, mercredis et vendredis de chaque semaine.

ORAISON DE SAINT-DENIS

Seigneur qui avez inspiré la constance au bienheureux Saint-Denis, apôtre de la France et qui l'avez consolé dans sa prison, lorsqu'estant près d'aller au martyre et célébrant la Sainte-Messe pour communier les Fidèles qu'il avait convertis à la Foy, Vous descendites dans le cachot tout resplendissant de gloire et prenant l'hostie qu'il avait consacrée vous lui donnastes en disant recevez cela mon cher ami parce que je suis votre récompence, nous vous suplions que nous puissions par son intercession mépriser les vanités du monde, résister aux tentations et souffrir d'un cœur véritablement Chrestien les adversités qui si rencontrent afin qu'ayant pratiqué les mêmes vertus sur la terre, nous puissions mériter comme lui la gloire Par les mérites de Jésus-Christ. Ainsi soit-il. Sancte Dionysi, ora pro nobis.

La Confrairie du Glorieux Saint-Denis apostre de la France érigée à St-Denis de la Chartre en la Cité où les confrères et sœurs et tous ceux qui désirent estre sous sa protection sont reçus, où l'on fait prières pour toutes les maladies invétérées tant spirituelles que corporelles pour

*éviter ou estre guéri des morsures des bêtes enragées auxquels
on applique la clef de sa prison et de sa Chartre, pour les
femmes enceintes qu'elles accouchent heureusement, pour
demander à Dieu d'inspirer les juges de rendre la justice à
qui elle appartient, St-Denis étant Juge d'Athènes, pour les
migraines et maux de tête insuportables ; pour les enfants
devenus en chartre et en langueur, et pour les agonisants
qu'ils passent de cette vie en l'autre sans douleur et sans
convulsion.*

Au-dessous de la représentation de saint Denis avec sa
tête entre les mains, on lit :

S. DIONISIUS

Oraison à Saint-Denis.

C'est la même que nous venons de donner avec des
variantes sans importance ; puis à la suite :

*Les jours pour gagner les indulgences sont le jour de la
Feste de St-Denis le 9 octobre et pendant l'octave le jour de
St-Benoist 21 mars, le jour de sa translation le 11 juillet,
l'invention de St-Denis le 11 avril. En outre, il y a de
grands pardons à ceux qui visiteront sa prison tous les
lundis et vendredis de l'année.*

C'est donc à cette église que les limonadiers-distillateurs
résolurent d'attacher leur confrérie ; ils réalisèrent leur
intention, le 5 mai 1683, par un acte passé par devant
Dupuys, qui en a la minute et son confrère, notaires à Paris.

Les parties étaient, d'une part, les prieur et religieux du
prieuré de Saint-Denis de la Chartre, en la cité de Paris,
ordre de Clugny, et d'autre part, les quatre jurés en charge
de la communauté des limonadiers[1] tant en leurs noms que

---

1. C'étaient Jean Grivol, Pierre Salomon, Guillaume Gombault et Etienne
de la Nouée.

comme fondés de pouvoir par délibération du 14 juin 1681 des autres maîtres.

Le dit acte contenait établissement de la confrérie de la communauté dans l'église du prieuré de Saint-Denis de la Chartre aux charges, clauses, et conditions suivantes :

Sçavoir, de la part des religieux de dire et célébrer pour ladite confrérie chaque dimanche de l'année au grand Autel de leur église sur les dix heures du matin une messe basse où le prêtre qui la célèbrera fera l'eau bénite au commencement d'icelle et l'offrande après le Credo.

Que tous les ans le lundy de la Pentecôte, lesdits religieux feront le service solennel pour lesdits confrères, en commençant par l'exposition du Très-Saint-Sacrement à la fin d'une basse messe qui se dira sur les 8 heures. Sur les 11 heures, la grande messe avec diacre, sous-diacre et chantres en chappes. Les vêpres pareillement se diront sur les trois heures avec célébrant et chantres en chappes, ensuite la prédication après laquelle on dira le salut et sera donnée la bénédiction du Très-Saint-Sacrement avec les cérémonies et oraisons accoutumées.

Sera aussi dit et célébré un service solennel de même manière que celui ci-dessus, le jour et fête de Saint-Louis en commençant par les premières vêpres de la veille avec célébrant et chantres en chappes et le mercredy d'après chacunes fêtes de Pentecôte et de Saint-Louis, les dits religieux chanteront solennellement une grande messe de Requiem pour le repos des âmes des Confrères décédés en général avec le Libera à la fin de ladite messe et le lendemain de chacune fête de Saint-Louis sera solennellement célébré un service de Requiem à la même intention.

Pour la célébration de toutes lesquelles messes et service divin, lesdits religieux seront tenus de fournir nappes, aubes, corporaux, chasubles, ornements, chappes et tuniques, devants d'autel, pain et vin, l'argenterie qu'ils auront et les ornements sacerdotaux nécessaires.

Que les jurés et maîtres de ladite confrérie pourront mettre leur œuvre dans le chœur ou dans la nef ainsi que les autres corporations le font, à leur choix.

Le tout moyennant la somme de 100 livres payable de quartier en quartier les premiers septembre, décembre, mars et juin et à la charge par la confrérie de fournir tous les cierges et luminaires nécessaires pour les messes et autres services ci-dessus.

Convenu qu'arrivant le décès de quelqu'un de ladite confrérie, les religieux célébreront une messe solennelle de Requiem avec Diacre, sous-diacre et chantres en chappes, et à la fin sera chanté le Libera avec l'oraison accoutumée moyennant 3 livres 5 sols, un cierge et une pièce de 3 sols 6 deniers pour l'offrande, que la confrérie fournira le luminaire qu'il appartiendra, qu'elle l'emportera après le service et que les religieux fourniront le pain et le vin nécessaires.

Quelques années après, le 11 août 1691, la confrérie reçut l'approbation du Saint-Siège ainsi qu'il résulte d'un bref du pape Innocent XII, signé : J. F. Cardinalis Albarnès dont voici la traduction :

Pour mémoire perpétuelle : Comme nous avons appris qu'il a été canoniquement érigé ou qu'il doit l'être, sous l'invocation de Saint-Louys roy, dans l'église de Saint-Denis, vulgairement appelée de la Chartre de la ville de Paris, une pieuse et dévote confrérie de fidelles de l'un et l'autre sexe pour les marchands distillateurs dont les confrères et les consœurs vaquent à la pratique de différentes œuvres de piété et de charité.

Pour procurer de jour en jour un accroissement à ladite confrérie par la miséricorde divine et de l'autorité des bienheureux apôtres Pierre et Paul, nous accordons indulgences plénières à tous les fidelles de l'un et l'autre sexe de ladite confrérie desdits distillateurs qui s'y enrôleront dans la suite et qui, au jour de leur entrée, étant vraiment

ÉGLISE SAINT-DENIS-DE-LA-CHARTRE

(MILLIN, *Antiquités*.)

repentants, se seront confessés et auront participé au Saint-Sacrement de l'Eucharistie.

Donné à Rome, à Sainte-Marie Majeure, sur l'anneau du pêcheur, le 11 août 1691, la première de notre pontificat.

Au mois de juin 1736, les jurés en exercice transportèrent leur confrérie au couvent des Grands-Augustins ; mais cette mesure provoqua de vives protestations dans la communauté et, sur la plainte de plusieurs maîtres, ils furent condamnés à exécuter la convention du 5 mai 1683 et à rapporter à l'église Saint-Denis-de-la-Chartre les vases sacrés et autres argenteries.

Cependant un arrêt du Parlement, du 22 juin 1737, corrigea cette décision en déclarant que l'argenterie de la confrérie servant à l'office divin, devait rester au bureau de la communauté sous la garde des jurés.

Cette argenterie avait souvent une certaine valeur puisque, lors de la liquidation des biens des communautés de Rouen, le trésorier Rouillé de l'Estang fit vendre leur argenterie et porte, de ce chef, dans son compte de 1780, une recette de 34,785 livres 2 sols. En dehors des vases et ornements d'église, on y trouvait des jetons de présence dont nous avons déjà parlé plus haut [1].

Les confréries furent supprimées en février 1777 avec les corps et communautés, mais elles ne furent pas rétablies par l'édit du mois d'août.

Notre œuvre est terminée ; elle présente, nous devons le reconnaître, bien des lacunes et bien des défauts. Les premières ne sont point de notre fait ; elles tiennent à la disparition, pendant la tourmente révolutionnaire, d'une

1. V. page 151.

partie considérable des registres du Châtelet et aussi à la destruction, par l'incendie de 1871, de documents importants qui étaient conservés dans la Bibliothèque de l'Hôtel de Ville de Paris. Quant aux défauts, ils sont dus assurément à l'insuffisance et à l'inexpérience de l'auteur ; il espère que ses lecteurs voudront bien les excuser en lui tenant compte de ses bonnes intentions et des efforts qu'il a tentés pour accomplir de son mieux la tâche qu'il avait assumée.

II

HISTOIRE DES LIQUEURS

INTRODUCTION

Nous paraîtrons peut-être téméraire en entreprenant d'écrire l'histoire des liqueurs à une époque où les hygiénistes et les moralistes sont d'accord pour dénoncer l'alcool comme la cause principale de l'abâtardissement de notre race et du développement de la criminalité.

Nous répondrons tout d'abord, en nous inspirant du bon Esope, que, si l'alcool est tout ce qu'il y a de pire, il est peut-être aussi ce qu'il y a de meilleur. A combien d'industries, en effet, n'est-il pas indispensable ? Les médecins eux-mêmes qui le condamnent avec tant de sévérité sont obligés de l'employer chaque jour comme le véhicule nécessaire des médicaments qu'ils prescrivent à leurs malades.

Comme eux et comme les pharmaciens, les parfumeurs et les fabricants de produits chimiques ne peuvent se passer d'alcool. Attendons quelques années encore et nous verrons, grâce aux progrès de la science, l'alcool employé au chauffage et à l'éclairage ; peut-être est-ce lui qui, le jour où nos arrière-petits-neveux auront épuisé les dernières mines de houille, leur permettra de ne pas mourir de froid.

D'un autre côté, il convient de faire observer que ce n'est pas l'usage, mais bien l'abus de l'alcool, qui produit tous les maux qu'on lui reproche. Or, quelle est la substance qui reste inoffensive lorsqu'on en consomme avec excès ?

Absorbez en trop grande quantité la nourriture la plus saine et vous aurez une indigestion ; ayez souvent des indigestions et vous serez bientôt affligé d'une bonne gastrite ou d'une inflammation d'entrailles.

La morphine rend les plus grands services en calmant des douleurs quelquefois intolérables ; mais, si l'on en abuse, elle produit dans l'organisme d'épouvantables ravages.

L'alcool est encore nuisible quand il est falsifié ; mais il a cela de commun avec bien d'autres aliments. Le lait est, à coup sûr, un breuvage salutaire que personne ne songe à proscrire ; il est cependant avéré que le lait adultéré, falsifié, sophistiqué qui se vend à Paris et dans les grandes villes, y cause, chaque année, la mort de plusieurs milliers d'enfants.

Que faut-il en conclure, sinon qu'il faut poursuivre avec énergie et punir avec sévérité, *mais aussi avec discernement,* tous les industriels et commerçants qui vendent des produits falsifiés et commettent ainsi de véritables vols aux dépens du public.

En réalité, il est certain que l'alcool de bonne qualité, consommé avec modération, n'a point d'action nocive sur l'organisme humain.

Certes, nous n'avons pas l'espoir de trouver grâce devant les farouches *teetotalers* [1] ; mais, si cette secte qui condamne même le vin et la bière, a pu se développer en Angleterre et aux Etats-Unis, elle n'aura jamais de nombreux adhérents dans notre beau pays de France qui compte ses vignobles comme une de ses principales sources de richesses.

L'alcool, nous tenons à le répéter, n'est contraire à l'hygiène que si l'on en abuse ; or, il en entre bien peu dans

---

1. C'est le nom donné en Angleterre et aux Etats-Unis à ceux qui proscrivent d'une façon absolue toutes les boissons alcooliques.

la fabrication des liqueurs : 3o à 40 o/o tout au plus ; le
surplus est formé par du sucre, par de l'eau, liquide qui ne
passe pas pour anti-hygiénique si on a soin de ne pas le
prendre dans la Seine. Et cet alcool, ce sucre, cette eau ne
sont là que pour dissoudre et rendre assimilables les sucs
de certaines plantes, de certains fruits, de certaines fleurs,
c'est-à-dire des produits les plus délicats, les plus salutaires
de notre sol.

Nous posons donc hardiment ce principe, incontestable
à notre avis, que l'usage modéré des liqueurs fabriquées
avec de bons produits et préparées avec soin ne peut pas
nuire à la santé. Il s'agit seulement de suivre, avec persévérance, le conseil du sage : usez, n'abusez pas.

Nous avons donc voulu écrire l'histoire des liqueurs ; elle
se trouve partagée en deux parties bien distinctes par la
découverte de la distillation ; malheureusement les documents anciens sont peu nombreux et peu précis ; on
s'occupait surtout jadis de la vie publique ; il est peu
d'ouvrages dans lesquels on s'occupe de la vie privée et
surtout de ces détails intimes dont nous sommes si curieux
aujourd'hui.

P. C.

HISTOIRE DES LIQUEURS

CHAPITRE I

LES LIQUEURS DE L'ANCIEN ORIENT

L'homme primitif avait pour principale boisson l'eau pure et son seul luxe consistait à se la procurer fraîche et d'une saveur agréable; dans certaines régions, il pouvait recueillir des fruits qu'il lui suffisait d'ouvrir pour obtenir un liquide un peu sucré et d'un goût plus relevé ; il dut aussi, de très bonne heure, corriger la crudité de l'eau en y ajoutant le suc des fruits qu'il écrasait entre deux pierres, entre deux planches, ou même simplement entre ses doigts. Il apprit ensuite à obtenir le lait de certains animaux : la vache, la brebis, la chèvre, l'ânesse.

Toutes ces boissons étaient naturelles; il suffisait de les prendre là où elles étaient, sans un bien grand effort d'imagination.

A quelle époque eut-on l'idée, pour s'en procurer d'autres, d'avoir recours soit à l'infusion, soit à la fermentation ? C'est ce qu'il est absolument impossible de savoir en l'absence de tout document. Tout ce que nous pouvons dire, c'est que la première mention d'une liqueur fermentée se trouve dans les Védas, les plus anciens livres religieux de l'Inde.

Qu'était-ce au juste que le *soma* et comment le préparait-on ? On ne le sait pas d'une façon absolument précise, bien que les hymnes consacrés à ses louanges dans le Rig-Véda dépassent de beaucoup le nombre de cent ; mais il y règne une confusion constante et voulue entre la liqueur qui servait au sacrifice et le dieu Soma qui se manifestait aux hommes sous cette forme ; en outre, les brillantes métaphores de la poésie lyrique laissent toujours planer un certain vague sur les opérations matérielles.

Il semble même que le soma ne devait pas toujours se préparer de la même manière ; on l'obtenait en pressant les tiges de l'asclépiade amère que l'on avait fait préalablement macérer ; mais comment se faisait cette opération ? D'après certains hymnes, c'était avec les doigts ; d'après plusieurs autres, c'était entre deux planches, enfin quelques-uns parlent d'un mortier. Quoi qu'il en soit, le jus ainsi exprimé était jeté sur un filtre de laine blanche ; puis on y ajoutait de l'eau et du lait caillé qui produisait la fermentation.

Le produit de cette opération était un jus d'une belle couleur dorée que l'on recueillait dans le *Samoudra*, vase destiné aux libations que l'on faisait, pendant les prières adressées aux dieux et particulièrement à Indra, le plus puissant d'entre eux.

Soma est la vie du monde, dit un hymne de Grit samada ; le matin et le soir, il accompagne toutes nos prières qu'il rend pour nous heureusement fécondes. O Indou [1], fais que nos cérémonies nous procurent une belle famille, des chevaux, une maison opulente ; fais qu'Indra nous soit favorable.

Ainsi que nous venons de le dire, le Soma était devenu

1. C'est un surnom donné souvent au dieu Soma.

une divinité particulière ; il habitait dans les profondeurs du troisième ciel où les femmes de Trita l'avaient broyé sous la pierre, où Sourya, la fille du Soleil, l'avait filtré, où l'avait trouvé Pushan, le Dieu nourricier. C'est là que le faucon, symbole de l'éclair, ou Agni lui-même (le feu), avait été le ravir à l'archer céleste, au Gandharva, son gardien, pour l'apporter aux hommes.

Les dieux l'ont bu et sont devenus immortels ; aussi un autre hymne l'appelle-t-il *le père des Prières, le père du Ciel et de la Terre, le père d'Agni, du Soleil, d'Indra et de Vichnou.*

Les hommes deviendront immortels à leur tour quand ils le boiront chez Yama, dans le séjour des heureux. En attendant, il leur donne ici-bas la plénitude des jours.

Il est souvent question dans les Védas du bruit que produit le soma ; cela tient à ce que les libations étaient répandues sur le feu de l'autel et produisaient une déflagration considérable.

On voit donc quelle importance avait eue, aux yeux des Aryas, nos ancêtres, l'invention de la première liqueur fermentée.

Nous n'avons malheureusement aucun renseignement sur ce qu'étaient les liqueurs en Chine, en Assyrie, ou en Babylonie ; nous sommes un peu mieux informés en ce qui touche l'Egypte et, ici, nous ne pouvons mieux faire que de céder un instant la parole à M. Maspéro, le savant auteur de l'*Histoire des Peuples anciens de l'Orient*. Après avoir décrit quelques boutiques de la fameuse Thèbes aux cent portes, il continue ainsi : *Ce sont là des industries honnêtes et qui s'étalent en plein jour ; plus loin, une* maison de bière *se dissimule à moitié au coin d'une ruelle obscure. L'Egyptien est sobre en temps ordinaire, mais, quand il se donne « un jour heureux », il ne se prive point de boire avec excès et l'ivresse ne l'effraie point. La* maison de bière, *fréquentée ouvertement par les uns, en cachette par les autres, fait toujours d'excellentes affaires : si les cabaretiers ne sont pas aussi estimés que les autres commerçants, du moins ils prospèrent.*

La salle de réception a été fraîchement peinte à la chaux ; elle est garnie de nattes, de tabourets, de fauteuils sur lesquels les habitués sont assis côte à côte, buvant fraternellement de la bière, du vin, de l'eau-de-vie de palme, des liqueurs cuites et parfumées qui nous paraîtraient probablement détestables, mais pour lesquelles ils manifestent un goût particulier. Le vin est conservé dans de grandes amphores poissées, fermées avec un bouchon de bois ou d'argile enduit de limon peint en bleu, sur lequel on a frappé une empreinte au nom du propriétaire ou du pharaon régnant : une inscription à l'encre, tracée sur la panse, indique la provenance et la date exacte. L'an XXIII, vin d'importation — l'an XIX, vin de Bonto — et ainsi de suite. Il y en a de tous les crus, vins blancs et vins rouges, vins de Maréotis, vins de Péluse, vins d'Etoile d'Horon, maître du ciel, originaires des oasis, vins de Syène, sans parler des vins d'Ethiopie ni des vins dorés que les galères phéniciennes amènent de Syrie. La bière a été de tout temps la boisson favorite du peuple. On la fabrique avec un brassin d'orge, macéré dans l'eau, et qu'on fait lever avec de la mie de pain fermentée. Au sortir du cuveau, elle est douce et plaisante au goût, mais se trouble aisément et tourne bientôt à l'aigre : la meilleure partie du vinaigre que l'on consomme en Egypte n'est pas du vinaigre de vin, mais du vinaigre de bière. On obvie à cet inconvénient en y introduisant une infusion de lupin qui lui communique une certaine amertume et la rend inaltérable. Bière douce, bière de fer, bière mousseuse, bière parfumée, bière aromatisée à chaud ou à froid, bière de millet épaisse et limoneuse, comme celle qu'on prépare en Nubie chez les nègres du Haut-Nil, les cabarets ont en magasin autant de variétés de bière que de qualités de vin différentes [1].

Nous voilà déjà bien loin de la simplicité des Aryas ; aussi l'ivresse était-elle un vice fréquent chez les Egyptiens ; les amateurs dissertaient entre eux sur les effets divers que produisent le vin et la bière. *Le vin,* disaient-ils, *égaye et porte à la bienveillance, à la tendresse ; la bière alourdit, pousse à la colère brutale.* Quelques-uns signalaient une différence assez originale : *C'est que l'homme ivre de vin tombe sur la face et qu'un homme ivre de bière tombe et reste sur le dos.* Mais les moralistes ne faisaient point de distinction et ne trouvaient point de mots assez forts pour dénoncer ces excès. Ecoutons-les dans la traduction de M. Maspéro. *Le vin délie la langue de l'homme jusqu'à lui arracher des propos dangereux et, l'instant d'après, l'abat au point qu'il n'est plus capable de défendre ses intérêts. Ne t'oublie donc pas dans les brasseries, de peur qu'on ne rapporte les discours qui sortent de ta bouche sans que tu aies conscience de les tenir. Quand tu tombes enfin, les membres rompus, personne ne te tend la main, mais tes compagnons de beuverie se lèvent, disant : Gardons-nous de celui-ci, c'est un ivrogne ! Aussi, lorqu'on vient te chercher pour te parler affaires, on te trouve vautré à terre comme un petit enfant. Les jeunes gens devraient surtout éviter ce vice honteux,* car la bière met leur âme en pièces. *Celui qui se livre à la boisson est comme une rame arrachée de sa place et qui n'obéit plus d'aucun côté. Il est comme une chapelle sans son dieu, comme une maison sans pain, dont le mur est trouvé vacillant et la poutre branlante. Les gens qu'il rencontre dans la rue se détournent de lui, car il leur lance de la boue et des huées jusqu'à ce que la police intervienne et l'emmène reprendre possession de lui-même en prison.*

1. *Lectures sur l'Histoire ancienne.*

Les passages que nous venons de rapporter nous donnent d'intéressants détails sur la fabrication de la bière, mais jusqu'à présent on n'a trouvé malheureusement aucun ouvrage traitant des liqueurs et de la façon de les obtenir ; tout ce que nous savons par des passages de textes littéraires et par des listes d'offrandes, c'est que ces liqueurs étaient fabriquées, les unes avec la caroube, les autres avec la grenade, ou les dattes, ou des fruits d'espèces diverses. A en juger par les liqueurs actuellement en usage dans l'Orient, il est à croire que celles des anciens Égyptiens nous sembleraient détestables, comme le fait observer M. Maspéro.

Chez les juifs, le vin était considéré comme liqueur ; on n'en buvait qu'à la fin du repas et alors il était parfumé avec des sucs odoriférants pour le rendre plus agréable ; il en est question dans le Cantique des Cantiques ; en effet au chapitre VIII, la Sulamite dit à son bien-aimé : *Plût à Dieu que tu fusses comme mon frère. — Je t'amènerais et je t'introduirais dans la maison de ma mère et je te ferais boire du vin mixtionné avec des drogues et avec le moût de mon grenadier.*

On mêlait aussi de la myrrhe au vin, et c'était la liqueur, nous dit saint Marc, dans son Evangile (chap. XV, vers. 23) que l'on donnait aux individus condamnés au supplice de la croix, pour leur causer une sorte d'ivresse et anéantir en eux le sentiment de la douleur ; on en présenta à Jésus, pendant qu'on le conduisait au Golgotha, mais il refusa d'en boire.

Il convient d'ajouter qu'en dehors de ces préparations qui constituaient de véritables liqueurs, les juifs buvaient du vin et de la bière et souvent même avec excès, si nous en croyons le grand prophète Isaïe (chap. XXVIII, vers. 7). *Mais ceux-ci se sont oubliés aussi dans le vin et se sont égarés dans la bière ; le sacrificateur et le prophète se sont oubliés dans la bière ; ils ont été absorbés dans le vin ; ils se sont fourvoyés dans la bière ; par suite ils se sont égarés dans la vision, ils ont chancelé dans leur jugement, car toutes leurs tables ont été remplies de vomissements et d'ordures.*

Il y avait deux espèces de bière chez les juifs, l'une qu'on fabriquait avec de l'orge, l'autre qu'on appelait le schekkar et qu'on obtenait en faisant bouillir de l'eau où l'on avait mis des grains de froment, du jus de pommes et des baies de palmier.

CHAPITRE II

LA GRÈCE ET ROME

Les détails que nous trouvons dans les auteurs anciens sur la manière de préparer les vins pour les rendre agréables aux buveurs nous montrent combien leur goût différait du nôtre ; aussi est-il fort probable que leurs vins artificiels, qui répondaient en quelque sorte à nos liqueurs, n'auraient pas de nos jours un très grand succès.

Les vins grecs étaient très renommés ; en tête venaient ceux de Thasos, de Chio, de Lesbos, de Clazomène, etc. ; on les additionnait souvent d'eau de mer, ou bien de sel ou d'argile ; la première addition d'eau de mer fut due à un esclave qui, dérobant le vin de son maître, rétablissait ainsi le tonneau dans son état ; on trouva que le mélange avait un excellent goût et le procédé se généralisa.

En Afrique, où le vin était un peu âpre, on corrigeait ce défaut en y jetant du gypse et même, dans quelques endroits, de la chaux.

En Italie, on ajoutait au vin nouveau de la résine, quelquefois aussi de la lie de vin vieux ou du vinaigre. Caton l'Ancien, *pour parer le produit* de sa récolte, y mélangeait un quarantième de cendres de lessive bouillies avec du vin cuit, ou bien du sel avec du marbre pilé. La cendre de vigne et la cendre de chêne avaient aussi leurs partisans.

La résine s'employait, soit crue pour donner de la force aux vins faibles, soit cuite pour adoucir les vins trop forts et les rendre moins fumeux.

Quant aux tonneaux, on avait soin, pour assurer la conservation du vin, de les enduire de poix que l'on y versait bouillante et que l'on étalait avec une pelle de bois et une ratissoire de fer ; l'opération devait être pratiquée quarante jours avant la vendange. Les tonneaux ne devaient jamais être remplis ; la partie vide était enduite de vin de raisin sec ou de vin cuit dans lequel on avait préalablement mêlé du safran et de la vieille poix.

Une petite prescription empruntée à Columelle[1] nous indique une autre addition, accidentelle, il est vrai, qui répugnerait un peu à un estomac moderne. *Si quelque animal,* dit le célèbre agronome, *tel qu'un serpent, un rat ou une souris, est tombé ou a péri dans le moût, il faudra, pour qu'il ne donne pas mauvaise odeur au vin, brûler au foyer son corps dans l'état où on l'aura trouvé et en jeter la cendre dans la cuve où il s'est noyé et l'y mélanger avec une pelle de bois. Cette opération servira de remède.*

C'est d'après ces méthodes que se préparaient les meilleurs crus de l'Italie ancienne, le Cécube, le Falerne, les vins d'Albe, le vin Mamertin qui venait de Messine etc. ; s'il pouvait nous être donné de retrouver un de ces vieux flacons que les Apicius et les Lucullus se disputaient à prix d'or, nous aurions sans doute la même surprise désagréable qu'éprouva Gérard de Nerval, dans son passage à Scyros[2]. Il se fit servir par un jeune Grec, aux cheveux bouclés, une coupe de vin de Samos emmiellé.

1. *Economie rurale,* livre xii, chap. 31.
2. *Voyage en Orient.*

J'ai tout avalé sans grimace, dit le voyageur, *et sans rien rejeter, par respect pour le sol de l'antique Scyros que foulèrent les pieds d'Achille enfant ! Je puis dire aujourd'hui que cela sentait affreusement le cuir, la mélasse et la colophane ; mais assurément c'est bien là le même vin qui se buvait aux noces de Pélée.*

Quoi qu'il en soit, les Grecs et les Romains, surtout ces derniers, aimaient beaucoup le vin ; ils l'aimaient même jusqu'à l'excès et nous demandons à nos lecteurs la permission de leur donner quelques détails à ce sujet. C'est une petite digression qui les intéressera, nous l'espérons, et qui, dans tous les cas, prouvera aux détracteurs du temps présent qu'ils ont tort d'être si pessimistes et qu'en réalité les hommes qui ont fait tant de progrès depuis l'antiquité, en ont fait aussi sous le rapport de la sobriété.

On ne buvait pas beaucoup à table parce que le vin émousse la délicatesse du goût, c'est ce que nous apprend Horace dans sa huitième satire. C'était après le dîner, soit au dessert, soit dans la soirée qu'avait lieu ce qu'on appelait la *commissatio.*

Caton l'Ancien, dans le traité *De la Vieillesse* de Cicéron, dit que, chaque jour, il se réunit à table avec ses voisins et que le repas se prolonge bien avant dans la nuit ; il ajoute assurément qu'il recherche surtout dans ces banquets le plaisir de la conversation et qu'il boit dans de petits verres qui humectent seulement le gosier ; mais Caton était un sage et sa sobriété était une exception.

La loi qui régnait dans ces réunions et que nous rapporte Cicéron dans les *Tusculanes,* nous montre bien quel en était le caractère : *Qu'on boive*, disait-elle, *ou qu'on s'en aille ! Car un convive doit partager le plaisir commun de boire ou, s'il est sobre, s'en aller à temps pour ne pas s'exposer aux violences des buveurs.*

Avant de commencer, on élisait un président ou roi du banquet[1] qui fixait la proportion dans laquelle le vin devait être trempé et la quantité que chacun devait en boire. Ce roi devait posséder des qualités assez nombreuses. Il devait, nous dit Plutarque, ne pas reculer devant le vin et cependant ne pas se laisser gagner par l'ivresse, manier agréablement la plaisanterie, avoir l'expérience du caractère de chaque convive, savoir quels changements le vin opérait en eux, à quelle passion ils étaient le plus portés et comment ils supportaient le vin pur. De cette manière, comme le bon musicien, il pouvait augmenter chez l'un l'intensité du boire et la diminuer chez les autres, de manière à amener les différentes natures à une harmonie, à une concordance parfaites.

On voit combien ces fonctions étaient délicates ; cependant Horace nous apprend que, sans doute pour ne froisser personne, celui qui les remplissait était souvent désigné par le sort, c'est-à-dire par le jet des dés.

Dans les repas publics, on élisait un président à chaque table.

Ainsi que nous l'avons dit, le roi du festin fixait la proportion d'eau à ajouter au vin ; c'était généralement de l'eau chaude que l'on trouvait plus hygiénique ; cependant il y avait des buveurs qui préféraient l'eau froide et même l'eau glacée. Néron faisait bouillir son eau pour l'avoir plus pure, puis la laissait refroidir avant de la boire.

Mais, dans une *commissatio,* le mélange se faisait dans un cratère, vase d'une grande capacité, en poterie ou en métal précieux, par les soins de l'échanson ; puis celui-ci le versait dans les coupes des convives au moyen d'un cyathe, coupe munie d'une anse, de façon à pouvoir la plonger dans le cratère. Le nombre de cyathes versés dans chaque coupe

1. On lui donnait aussi le titre de *magister bibendi, arbiter bibendi,* maître, arbitre de ce qu'on doit boire.

UNE COMMISSATIO (MILLIN, *Var. ant*, II, 58).

variait suivant l'ordre du roi ; il pouvait aller jusqu'à douze. C'est ainsi qu'en portant la santé d'un absent, on buvait généralement autant de cyathes qu'il y avait de lettres dans son nom. On était tenu de vider sa coupe sans reprendre haleine.

Ces réunions étaient bien faites pour exciter à l'ivresse et elles ne manquaient pas à obtenir ce résultat, plus encore chez les Romains que chez les Grecs. Il faut lire le chapitre que Pline l'Ancien consacre à ce vice au livre XIV de son *Histoire Naturelle. On va même,* dit-il, *jusqu'à employer les poisons ; les uns prennent de la ciguë, les autres avalent de la poudre de pierre-ponce pour que la crainte de la mort les oblige à boire. Les plus prudents facilitent la digestion en se mettant au bain d'où on les enlève à moitié morts ; d'autres n'attendent ni le lit ni même la tunique ; nus et encore haletants, ils se jettent sur d'énormes brocs, et comme pour montrer la force de leur estomac, ils les vident, vomissent aussitôt et recommencent à boire jusqu'à deux ou trois fois comme s'ils n'étaient au monde que pour perdre du vin et que l'homme fût le seul canal par lequel ce liquide pût s'écouler... Il y a même des prix d'ivrognerie... Dans l'ivresse se révèlent les mystères de la pensée ; l'un dévoile son testament, l'autre laisse échapper des paroles funestes, des mots qui lui rentreront dans la gorge, car combien de gens sont morts pour une parole ainsi prononcée. Échappât-il à ces dangers, le buveur ne voit plus le soleil se lever et abrège sa vie. De là cette pâleur, ces joues pendantes, ces yeux ulcérés, ces mains tremblantes qui renversent le verre plein et, juste punition de l'intempérance, ce sommeil agité par les furies, ces insomnies nocturnes, enfin des passions monstrueuses, des forfaits devenus à leurs yeux la volupté et le suprême bonheur. Le lendemain le vin infecte leur haleine ; le passé est nul pour eux, leur mémoire est morte.*

Et ce n'étaient pas les gens du peuple seuls qui s'adonnaient à l'ivresse, mais plus encore ceux de la haute classe. Antoine, le célèbre triumvir, prétendait à la palme de l'ivrognerie et publia même un livre, quelque temps avant la bataille d'Actium, pour soutenir les droits qu'il avait à l'obtenir. L'empereur Tibère, qui devint sobre dans sa vieillesse, buvait avec excès lorsqu'il était jeune; il accorda à Lucius Pison le titre de Préfet de Rome, pour lui avoir tenu tête le verre en main, pendant deux jours et deux nuits de suite; le fils du grand Cicéron était aussi un ivrogne renommé.

Dans les premiers temps, il était défendu aux femmes romaines de boire du vin; la légende raconte que Romulus renvoya absous Egnatius Mecenius qui avait tué sa femme à coups de bâton pour avoir bu du vin au tonneau. Fabius Pictor raconte, dans ses *Annales*, qu'une dame ayant ouvert le sac où étaient renfermées les clefs de la cave, ses parents la firent mourir de faim. D'après Caton l'Ancien, les Romains ne donnaient de baisers à leurs parentes que pour savoir si elles sentaient le vin.

Mais, vers la fin de la République et surtout sous les Empereurs, les femmes prirent place dans ces banquets et se livrèrent à l'ivresse comme les hommes; à leur exemple, elles buvaient dans des coupes décorées d'images obscènes et, comme le dit Pline l'Ancien, la prostitution se mêlait à l'ivresse.

Nous revenons maintenant à notre sujet, aux liqueurs, c'est-à-dire aux vins artificiels qui en tenaient lieu et qui ne produisaient jamais l'ivresse, car il était d'usage de ne jamais en prendre plus d'un verre à chaque repas.

CHAPITRE III

LES VINS ARTIFICIELS

Il y avait, d'après Pline l'Ancien, soixante-six espèces de vins artificiels ; un grand nombre d'entre eux étaient empruntés à des pays étrangers, mais avaient acquis droit de cité à Rome. Nous ne pouvons, bien entendu, les énumérer tous, mais nous allons indiquer les principaux en ajoutant quelques détails sur la façon de les préparer, détails que nous empruntons à Pline, à Columelle et à Dïoscoride.

En premier lieu venait l'hydromel ; on le fabriquait avec du miel et de l'eau de pluie gardée pendant cinq ans ; cependant cette eau pouvait être employée dès qu'elle était tombée, mais à la condition de la faire bouillir jusqu'à diminution aux deux tiers. Le mélange dans lequel le miel entrait pour un tiers était exposé au soleil pendant les quarante jours caniculaires. Le temps donnait à ce liquide un goût de vin ; le meilleur était celui de la Phrygie.

Venait ensuite l'oxymel que l'on obtenait en ajoutant à dix livres de miel deux setiers et demi de vinaigre vieux, une livre de sel et cinq setiers d'eau de pluie ; on laissait ce mélange sur le feu jusqu'à ce qu'il eût jeté dix bouillons ; on le versait ensuite dans des vases et on le laissait vieillir.

Le vin adyname était un mélange de vingt setiers de vin blanc doux avec dix setiers d'eau que l'on faisait bouillir jusqu'à ce qu'il fût réduit d'un tiers ; d'autres ajoutaient à la même quantité de vin doux, dix setiers d'eau de mer et dix setiers d'eau de pluie, puis ils laissaient le tout quarante jours au soleil. Le vin adyname était réservé aux malades.

Un autre vin se faisait avec la graine de millet bien mûr ; on en prenait une livre et un quart sans ôter la tige et on faisait macérer dans six litres de vin doux ; au bout de sept mois on transvasait la liqueur.

On faisait aussi du vin avec différents fruits ; le vin de dattes en usage chez les Parthes et dans tout l'Orient se fabriquait en faisant macérer, dans dix-huit litres d'eau, un boisseau de dattes bien mûres que l'on pressurait ensuite. On préparait de la même manière du sycites ou vin de figues, du rhoites ou vin de grenades, des vins de caroubes, de poires, de pommes, de cornouilles, de nèfles, de cormes, de mûres sèches ; on en faisait même avec des pignons de pommes de pin, mais alors l'eau était remplacée par du vin doux.

On obtenait encore des vins artificiels en faisant bouillir, dans du vin doux, les baies ou les branches fraîches du cyprès, du laurier, du genévrier, du cèdre, du lentisque, du pin et du sapin.

Mais nous avons hâte d'arriver à des compositions se rapprochant beaucoup plus, par leur fabrication, de nos liqueurs modernes ; elles donnaient lieu aussi à des formules déterminées que nous reproduisons fidèlement.

Vin de marrube. Quand vous ferez la vendange, cueillez des tiges tendres de marrube, surtout dans les lieux incultes et maigres, et faites-les sécher au soleil ; mettez-les en bottes que vous lierez avec une corde de palmier ou de jonc ; placez-les dans un vaisseau de manière que le lien surnage ;

jetez, dans cent litres de vin très doux, huit livres de marube et, après avoir tiré le vin au clair, bouchez-le soigneusement. Ce vin était, paraît-il, excellent contre la toux.

Vin de scille. Quarante jours avant de procéder à la vendange, cueillez la scille, coupez-la par tranches très menues, comme on fait pour les racines de raifort ; suspendez ces rouelles à l'ombre, afin qu'elles y déssèchent ; ensuite, quand leur dessiccation sera complète, jetez dans vingt-quatre litres de vin doux, une livre ou une livre un quart de scille sèche ; laissez-l'y séjourner trente jours ; ensuite retirez-la et versez votre vin, tiré au clair, dans deux amphores. Ce vin facilitait la digestion et fortifiait l'estomac.

Vin d'absinthe ou *absinthite.* Première recette. Vous faites bouillir une livre d'absinthe du Pont dans vingt-quatre litres de vin doux jusqu'à réduction d'un tiers ; vous y ajoutez trois litres de vinaigre et une demi-livre d'absinthe ; vous remuez bien le tout, puis vous le transvasez quand il est bien reposé.

Seconde recette. Prenez trois ou quatre onces d'absinthe, deux onces de chacun des produits suivants : nard de Syrie, squinanthum, canne aromatique, écorce de palmier ; pilez et mettez le tout macérer dans vingt-sept litres de vin doux ; au bout de trois mois, transvasez. Ce vin était salutaire à l'estomac et remédiait au manque d'appétit.

Cette même recette servait pour faire des vins d'hysope, d'aurone, de thym, de fenouil, de germandrée qui étaient aussi excellents pour les estomacs débiles.

Le gléconites se préparait au moyen d'une décoction de trois livres de pouliot sec dans six litres de vin doux ; on versait la liqueur une fois refroidie dans une urne (27 litres) de vin doux après en avoir retiré le pouliot. Le gléconites était un spécifique contre la toux.

Le vin de myrte était l'un des vins artificiels les plus employés et les plus recherchés ; il guérissait, assure

Columelle, les coliques, la diarrhée et les faiblesses d'estomac; aussi en avons-nous deux recettes très longues et très détaillées.

Voici la première : il y a deux espèces de myrte dont l'un est blanc et l'autre noir. On cueille les baies de ce dernier lorsqu'elles sont mûres; on en retire les semences et, quand elles en sont dépouillées, on les fait sécher au soleil ; puis on les dépose en lieu sec dans une cruche de terre cuite. Ensuite, à l'époque des vendanges, on cueille, à la plus grande ardeur du soleil, des grappes bien mûres de raisins d'Aminée sur un vieux cépage de vignes mariées à l'ormeau, ou, si l'on n'en a pas, sur les plus anciennes vignes que l'on ait ; on verse le moût qui en provient dans une cruche et aussitôt, dès le premier jour, avant toute fermentation, on écrase avec soin les baies de myrte qu'on avait conservées : on en pèse dans cet état autant de livres qu'on doit assaisonner d'amphores de vin — l'amphore contenait cinquante-quatre litres. — Alors on prend dans la cruche où l'on doit faire la mixtion une petite quantité de moût et de ces baies pulvérisées et pesées on saupoudre la liqueur comme avec de la farine. Ensuite on en fait plusieurs boulettes et on les fait glisser dans le moût le long des parois de la cruche, afin qu'elles ne s'entassent pas les unes sur les autres. Après cette opération, dès que le moût aura jeté deux bouillons de fermentation et que deux fois on l'a soigné, on recommence de la même manière à pulvériser le même poids de baies indiqué ci-dessus; mais on n'en forme plus de boulettes; on prend seulement dans un bassin, du moût de la même cruche; on le mélange avec la quantité prescrite plus haut de manière à en faire une sorte de bouillon épais. Quand cette mixtion est faite, on la reverse dans la cruche, en l'agitant avec une pelle de bois. Neuf jours après cette opération, on purge le vin de toute impureté; on frotte la cruche avec des balais de myrte sec, puis on y place les couvercles afin que rien ne tombe dans le liquide. Cela étant fait, on purge encore le vin sept jours après et on le verse dans des amphores bien enduites de poix et bien parfumées ; il faut avoir soin en transvasant de ne laisser couler que la liqueur claire et sans lie.

Deuxième recette. Faites jeter trois bouillons à du miel de l'Attique et écumez-le autant de fois ; ou, à défaut de ce dernier, choisissez du miel d'excellente qualité dont vous enlèverez les écumes à quatre ou cinq reprises : car, moins il est bon, plus il produit d'ordures. Quand le miel sera refroidi, prenez les baies de myrte de l'espèce blanche, les plus mûres que vous trouverez et écrasez-les de manière à ne pas broyer les semences qu'elles contiennent. Après avoir placé ces baies dans une corbeille de bois, vous en exprimerez le suc dont vous mêlerez trois litres avec un demi-litre de miel cuit ; puis vous verserez le tout dans une fiole que vous luterez. C'est dans le mois de décembre qu'on doit faire cette préparation, parce qu'alors les semences de myrte ont presque toujours atteint leur maturité. Il faudra veiller à ce qu'avant la récolte de ces baies, il se soit écoulé sept jours, s'il est possible, ou tout au moins trois, d'un temps serein et surtout à ce qu'il n'ait pas plu et à ce qu'elles ne soient même pas couvertes de rosée. Beaucoup de personnes récoltent les fruits du myrte, soit blanc, soit noir, lorsqu'ils sont mûrs, puis les font un peu sécher à l'ombre pendant deux heures et les broient de manière à laisser entières, autant que faire se peut, les semences qui y sont contenues. Alors, à travers un tamis de lin, elles expriment le suc de ce qu'elles ont broyé et, après l'avoir épuré sur un filtre de jonc, elles le conservent dans des fioles bien poissées, sans y joindre ni miel ni autres ingrédients. Cette liqueur se conserve peu ; mais, tant qu'elle se maintient sans altération, elle est meilleure pour la santé que la composition de toute autre espèce de myrtite. Il y a des cultivateurs qui, lorsqu'ils en ont en abondance, font réduire ce suc à un tiers en le soumettant à l'ébullition et, lorsqu'il est refroidi, le mettent dans des fioles poissées. Ainsi préparé, il est de longue garde; quant à celui qui n'a pas subi de cuisson, il pourra se conserver deux ans sans s'altérer, pourvu qu'il ait été fait proprement et avec soin.

Le vin miellé avait aussi beaucoup d'amateurs; pour le faire, on prenait dans la cuve même du moût de mère goutte, c'est-à-dire de celui qui coule des raisins avant qu'ils n'aient été fortement foulés. On faisait ce moût avec du raisin de vignes mariées aux arbres et cueilli par un temps sec; on jetait dix livres de miel d'excellente qualité dans une urne de moût et, après l'avoir soigneusement mêlé, on en emplissait une bouteille, on l'enduisait de plâtre sans retard et on la déposait sur une tablette. Si l'on désirait en confectionner une plus grande quantité, on ajoutait du miel d'après la proportion que nous venons d'indiquer. Trente et un jours après, il fallait ouvrir la bouteille, décanter le moût dans un autre vase qu'on lutait et que l'on conservait sur le four.

La recette du vin de roses était très simple; on mettait une livre de feuilles bien fraîches de cette fleur dans une toile bien sèche et on les pilait dans quatre litres de vin doux; on laissait reposer le produit pendant trois mois et on passait au clair.

Le conditum était un mélange de vin, de miel et de poivre que l'on conservait dans des amphores fermées avec des bouchons en terre scellés de poix, d'argile ou de plâtre.

On faisait aussi du vin artificiel en ajoutant au vin doux du poivre, de la myrrhe et de l'iris, ou bien du nard et du malobathre; on ne sait pas au juste quelle était la plante désignée sous ce dernier nom.

Enfin nous empruntons à Dioscoride deux formules exactement pareilles à celles dont se servent aujourd'hui les distillateurs.

La première est celle d'un vin aromatique :

Jus odorant	r	once.
Valériane	7	drachmes.
Cestus.	2	—
Safran	4	—
Amomum.	5	—
Asaron.	4	—

On pile, on met dans une toile et on place le tout dans un cade (81 litres) de vin doux jusqu'à ce que celui-ci ait cessé de bouillir.

La seconde recette est celle d'un vin de simples :

Myrrhe	2	drachmes.
Poivre blanc	r	—
Flambe	6	—
Anis.	3	—

Pilez, mettez dans une toile et faites macérer dans trois litres de vin. On décante au bout de trois mois et on en boit un petit verre après la promenade.

On pouvait, dans cette composition, remplacer la myrrhe par le nard.

Le vin de daucus s'obtenait en laissant macérer six drachmes de racines bien pilées pendant deux mois dans une amphore de vin doux.

On obtenait de la même façon le vin de persil qui était un apéritif, seulement on remplaçait les racines de daucus par 9 onces de graines mûres de persil bien pilées.

Les Grecs faisaient aussi du vin d'orge qu'ils appelaient

bryton et du vin de millet désigné sous le nom de parabia. L'ambroisie était faite avec de l'eau de pluie, de l'huile et le jus de toutes sortes de fruits.

N'oublions pas le vin que l'on tirait du palmier et qui était très capiteux.

Les Grecs et les Romains avaient, on le voit, un grand nombre de liqueurs à leur disposition; mais il est certain que toutes leurs préférences étaient pour le vin absorbé en grande quantité.

CHAPITRE IV

LES AUTRES PEUPLES DE L'ANTIQUITÉ

Ce chapitre sera très court; les auteurs anciens, en effet, nous ont laissé peu de détails sur les banquets des peuples qu'ils appelaient dédaigneusement : les Barbares; ils n'avaient pas médité la parole mémorable de ce gourmet qui disait : *Dis-moi ce que tu manges et je te dirai qui tu es.*

L'hydromel, dont nous avons donné la recette plus haut d'après Pline l'Ancien, était, à coup sûr, la boisson la plus répandue; on en buvait dans l'Inde, en Egypte, dans la Gaule, en Germanie, bien que la composition et la fabrication fussent très variées suivant les pays.

Les Gaulois buvaient aussi une espèce de bière que l'on appelait la cervoise; mais, après la conquête romaine, le vin devint leur liqueur favorite, surtout dans le centre et dans le midi.

Quant aux Bretons, les anciens habitants de l'Angleterre, César nous apprend, dans ses commentaires, que les plus civilisés étaient ceux qui résidaient le long de la côte et qu'ils avaient à peu près les mêmes mœurs que les Gaulois ; quant à ceux de l'intérieur, c'étaient de véritables sauvages, se couvrant de peaux de bêtes, se nourrissant de chair et n'ayant d'autre boisson que du lait.

Les Germains, nous dit Tacite, *boivent une liqueur extraite de l'orge ou du blé qui a les mêmes propriétés enivrantes que le vin.* Il nous les montre assis à table et buvant pendant un jour et une nuit. *Aussi,* ajoute-t-il, *les rixes, suites inévitables de l'ivresse, sont fréquentes dans ces festins; il est rare qu'elles se terminent seulement par des invectives; c'est le plus souvent par des blessures et par des meurtres.*

Les plus voisins du Rhin achetaient même du vin pour satisfaire leur passion favorite, car, s'ils apaisaient leur faim sans apprêts et sans raffinement, se contentant de fruits sauvages, de venaison ou de lait caillé, ils étaient moins tempérants sous le rapport de la soif et buvaient jusqu'à rester ivre-morts ou jusqu'à ce que la boisson leur manquât.

Tout cela est bien sommaire; tout ce que nous pouvons en déduire, c'est que ces peuples n'avaient pas de liqueurs comme les Romains et les Grecs, ni comme les Egyptiens.

Avant de passer aux temps modernes, il est nécessaire que nous fassions une histoire rapide de la distillation qui a donné un essor si remarquable à la fabrication des liqueurs; nous indiquerons d'abord comment elle fut découverte et nous exposerons ensuite les progrès si considérables qu'elle a réalisés, surtout depuis le commencement de ce siècle.

CHAPITRE V

LA DISTILLATION ET LES ALCHIMISTES

Les Anciens ne connaissaient pas la distillation ; il est vrai que l'on trouve, dans Pline l'Ancien et dans Dioscoride, l'indication de deux procédés distillatoires qui servaient à obtenir l'un le mercure, l'autre la térébenthine ; mais ce sont deux procédés empiriques qui ne reposent sur aucune donnée scientifique.

La poix, dit Pline, *donne l'huile pissine, produit des vapeurs que rend la poix cuite et qui sont reçues dans de la laine qu'on presse lorsqu'elle en est chargée.*

Voici maintenant ce qu'il dit du mercure : *On met du minium dans un vaisseau en fer, placé lui-même dans une marmite de terre cuite ; on recouvre d'un couvercle luté avec de l'argile et on allume du feu sous la marmite. A mesure qu'on pousse le feu à l'aide de soufflets, il s'élève une vapeur qui va s'attacher au couvercle et qui réunit à la fluidité de l'eau la couleur de l'argent ; on l'essuie et l'on a de l'hydrargyre (c'est-à-dire du mercure). Elle se divise en nombre de globules qui s'échappent ou coulent en se réunissant comme un liquide.*

C'est le dernier système qu'Aristote aurait, d'après un de ses commentateurs, Alexandre d'Aphrodisias, indiqué dans ses *Météréologiques* (liv. 21 chap. II) pour rendre l'eau de mer potable. *On la verse, dit-il, dans des vases que l'on place sur le feu et on reçoit la vapeur sur des couvercles froids superposés où elle se condense.*

Encore convient-il d'ajouter qu'Alexandre d'Aphrodisias écrivait au IIIe siècle de notre ère et a pu broder un peu sur le texte de l'auteur qu'il commentait; il le pouvait d'autant mieux que l'on est en droit de faire remonter à la même époque les écrits des alchimistes grecs où les appareils distillatoires sont non seulement décrits mais dessinés. Le plus ancien que l'on connaisse figurait dans l'ouvrage d'une femme savante appelée Cléopâtre qui vivait au IIe ou au IIIe siècle; elle avait aussi écrit sur les poids et mesures; en raison de son nom et comme elle était Egyptienne, on la confondit, pendant le moyen âge, avec la reine célèbre qui fut la maîtresse de César et d'Antoine.

L'appareil qu'elle avait inventé ou décrit se trouve reproduit dans une grande figure bien connue sous le nom de *Chrysopée de Cléopâtre* et qui se trouve dans un manuscrit grec du XIe siècle conservé dans la bibliothèque de Saint-Marc, à Venise, et qui contient un grand nombre de traités alchimiques.

Sur ce dessin que nous avons cru intéressant de reproduire, nous ne retiendrons que la partie ayant trait à notre sujet et nous laisserons de côté les signes magiques et alchimiques dont le savant M. Berthelot a donné l'explication dans son remarquable ouvrage, *Introduction à l'Etude de la Chimie,* auquel nous empruntons cette figure et les suivantes.

Sur le côté droit, un grand alambic à deux pointes est posé sur son fourneau qui porte le mot φωτα, feux. Le récipient

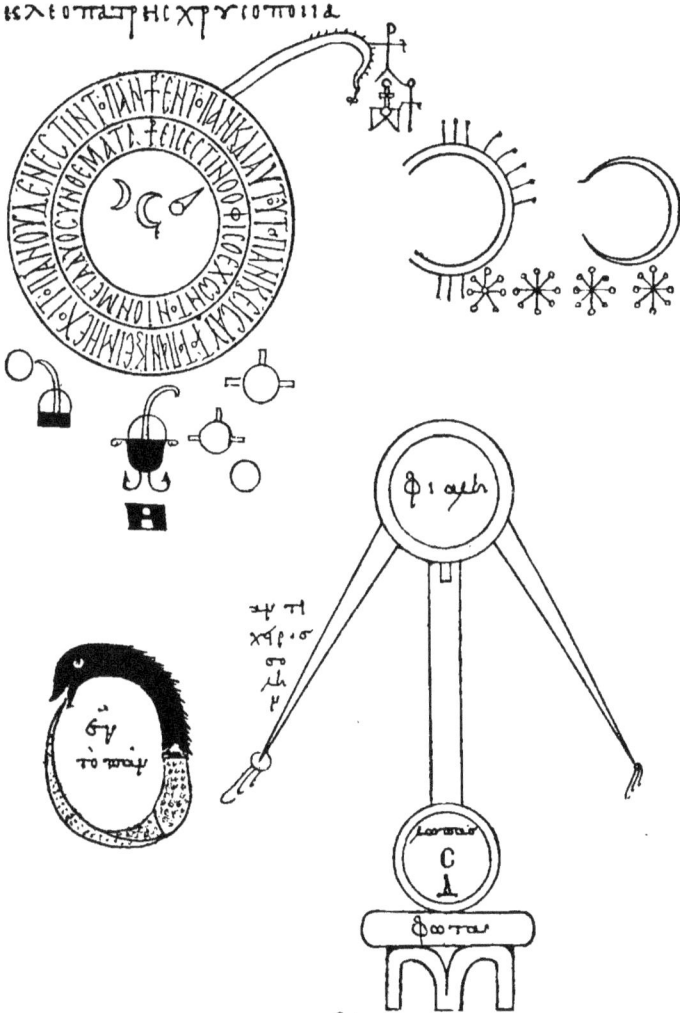

LA CHRYSOPÉE DE CLÉOPATRE

(Introducteur à l'*Etude de la Chimie*, BERTHELOT, page 132.)

inférieur ou chaudière s'apppelle λωπὰς, matras. Le récipient
supérieur, dôme ou chapiteau, est la φιάλη, mot qui signifiait
autrefois tasse ou coupe, mais qui a ici le sens plus moderne
de fiole ou ballon renversé.

Voici l'usage de cet alambic. La vapeur monte du matras
par un large tube, dans l'ouverture plus étroite du chapiteau
ou ballon renversé ; elle s'y condense et s'échappe goutte à
goutte, par deux tubes coniques et inclinés. A côté du tube
gauche se trouvent les mots αντίχειρος σωλὴν, tube du pouce ou
plutôt contre-tube, ce nom vient évidemment de ce que ce
tube descendant joue le rôle inverse du rôle du tube ascen-
dant qui joint le matras au chapiteau.

La Chrysopée de Cléopâtre se trouvait évidemment dans
les ouvrages, malheureusement perdus, de cette femme

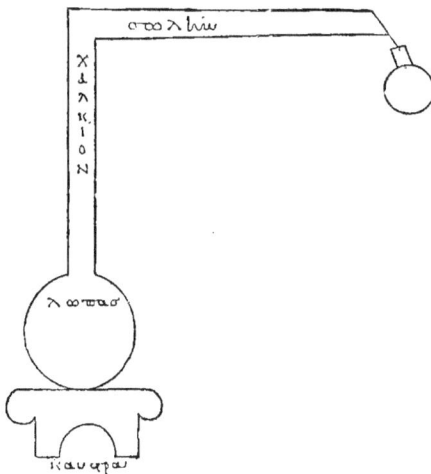

MONOBIKOS

savante et peut être regardée comme le prototype de tous
les dessins d'appareils distillatoires.

Nous en trouvons plusieurs autres dans les ouvrages de Zozime le Panopolitain.

L'un est un alambic à col de cuivre avec un seul tube gros et fort, coudé à angle droit à sa partie supérieure et conduisant la vapeur du matras dans le récipient en forme de ballon appelé βικίον.

Le second est analogue à celui de la Chrysopée de Cléopâtre, il en diffère en ce que le tube qui joint le matras au chapiteau est élargi en entonnoir à la partie supérieure ; l'ajustement des deux tubes coniques à cet entonnoir n'est pas clairement indiqué. Sous la pointe de chacun d'eux se trouve un petit ballon pour recevoir les liquides distillés.

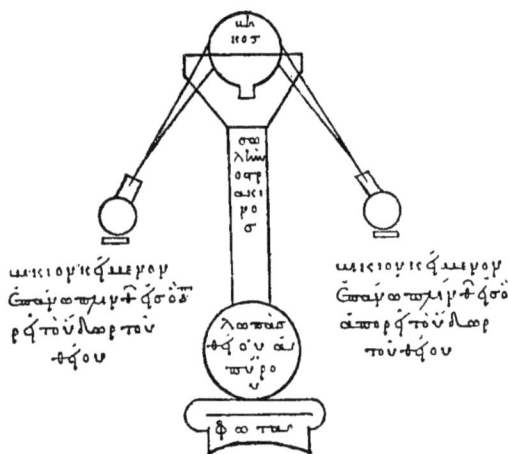

DIBIKOS.

Cet appareil était destiné, d'après les légendes qui l'entourent, à la préparation de l'eau de soufre.

Enfin le troisième ne diffère du second que par l'addition d'un troisième tube et d'un troisième récipient.

Ces appareils avaient chacun un nom particulier tiré du nombre des récipients ; le premier s'appelait monobikos (à un seul ballon) ; le second dibikos (à deux ballons) et le troisième tribikos (à trois ballons).

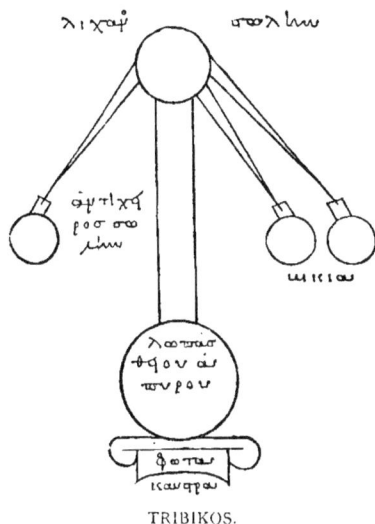

TRIBIKOS.

Le chapiteau est souvent désigné dans les manuscrits grecs sous le nom de ἄμβιξ ; de là est venu, par l'addition de l'article al, le mot d'alambic employé par les Arabes.

Nous trouvons aussi dans le manuscrit de Saint-Marc, une figure assez curieuse[1]. C'est une chaudière à tête élargie en forme de chapiteau et destinée à distiller des liquides qui tombent dans un bassin hémisphérique. Ce bassin est porté sur une sorte de fourneau, bain de sable ou bain-marie.

L'invention de ce bain de sable ou de cendres est attribué à une autre femme savante, Marie la Juive, d'après les

1. Page 224.

extraits de ses œuvres faits par un philosophe chrétien anonyme qui a écrit sur l'alchimie, de là le nom de bain de Marie, devenu ensuite bain-marie.

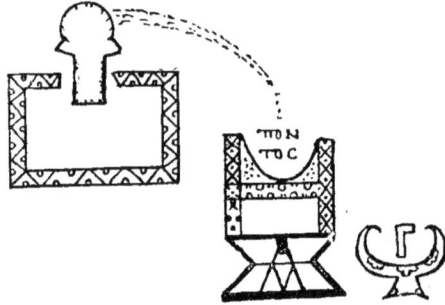

BAIN-MARIE.

Nous arrivons maintenant à Synesius qui vivait au IVᵉ siècle et nous trouvons dans un de ses ouvrages dont le manuscrit se trouve à la Bibliothèque Nationale de Paris le dessin d'un alambic qui rappelle tout à fait la disposition

ALAMBIC DE SYNÉSIUS.

des appareils employés dans les laboratoires modernes de chimie. Il repose sur une marmite servant de bain-marie

portée elle-même sur un trépied. A côté se trouvent ces mots : *On ajuste au matras inférieur un instrument de verre en forme de mamelle.* Cet instrument est muni d'une gorge ou rainure circulaire, destinée à récolter les liquides condensés dans le chapiteau et à les conduire dans la tubulure qui aboutit au récipient. C'est un appareil qui est encore en usage aujourd'hui.

Tous les alambics ainsi décrits servaient aux alchimistes grecs pour préparer ce qu'ils appelaient les eaux divines. L'eau divine proprement dite était une liqueur préparée avec du soufre natif et de la chaux ; on obtenait ainsi un polysulfure de calcium qui attaque les métaux très rapidement ; aussi l'eau de soufre joue-t-elle un grand rôle chez les alchimistes. Puis le nom s'était successivement étendu à des liquides distillés de toute nature : vinaigres, solutions d'acide sulfureux, d'acide sulfurique, huiles essentielles, eaux tirées des plantes, etc.

Les Syriens reçurent des Grecs les connaissances alchimiques et les transmirent aux Arabes, qui, dans le cours des ix et x siècles, les développèrent et leur donnèrent un plus grand caractère de précision.

On ne trouve rien qui ait trait à la distillation dans les œuvres de Geber qui vivait au viii siècle; nous ne parlons pas des traités qui lui ont été faussement attribués et qui ont été composés aux xiii et xiv siècles, ainsi que l'a fort bien démontré M. Berthelot.

Mais le savant Persan Rhasès, qui vécut de 860 à 940 et fut médecin en chef du grand hôpital de Bagdad, nous a laissé une formule pour la préparation de l'alcool; en était-il l'inventeur, c'est ce qu'il est impossible de dire.

Les Occidentaux furent initiés à leur tour à partir du xii siècle aux études chimiques, et à celle de la distillation en particulier, par les Arabes d'Espagne tant directement que par l'intermédiaire des savants juifs.

Albert le Grand, qui naquit en 1193, nous donne quelques détails sur la façon de luter les appareils distillatoires :

Lorsque l'appareil (sublimatorium) *est en verre et qu'on le chauffe sur un bain de cendres, le lut se fait au moyen de la poudre de craie mélangée avec de la farine et du blanc d'œuf. Lorsqu'il est en terre et qu'on le chauffe avec du charbon, on le compose d'argile, de chaux vive, de fumier de cheval et d'eau salée ; on le recouvre avec du papier mouillé. Pour les jointures, on se sert d'un lut fait avec un mélange de cendres, d'argile et de sel commun humecté d'urine.*

Arnaud de Villeneuve, qui vivait quelques années plus tard, parle de la distillation du vin et de la fabrication de l'eau-de-vie dont on lui a parfois, mais bien à tort, attribué la découverte. Voici comment il s'exprimait à ce sujet : *Cette eau de vin est appelée par quelques-uns* eau-de-vie, *et ce nom lui convient puisque c'est une véritable eau* d'immortalité. *Déjà on commence à connaître ses vertus, elle prolonge les jours, dissipe les humeurs peccantes ou superflues, ranime le cœur et entretient la jeunesse. Seule, ou jointe à quelques autres remèdes, elle guérit la colique, l'hydropisie, la paralysie, etc.*

Les propriétés de l'eau-de-vie paraissaient d'ailleurs si étonnantes aux alchimistes du moyen âge qu'ils croyaient y retrouver quelque chose des attributs du feu qui avait servi à la préparer.

Ils employaient l'alambic simple en verre et faisaient chauffer la cucurbite sur un bain de sable, mais à un feu très doux ; il était recommandé de ralentir le plus possible la distillation afin d'imprégner l'eau-de-vie, ou l'eau ardente comme on l'appelait aussi, des principes du feu par un contact prolongé.

Voici d'ailleurs la recette que donne Ortholaüs, dans sa

Pratica alchimica, écrite en 1358, sous le règne de Jean le Bon :

Mettez du vin blanc ou rouge de première qualité dans une cucurbite surmontée d'un alambic que vous chaufferez sur un bain de cendres. Le produit de la distillation doit être divisé en cinq parties. Les trois premières brûlent le drap sans le consumer, la quatrième ne vaut rien, la cinquième reste comme résidu. On soumet les trois premières à une nouvelle distillation. Quand les deux tiers sont passés, on rejette le reste, on renouvelle trois fois l'opération jusqu'à ce que l'on ait de l'eau-de-vie rectifiée qui réduit en cendres un drap qui en est imprégné et que l'on approche du feu.

Il est incontestable que, dès le commencement du XIVe siècle, l'eau-de-vie ou eau ardente était un produit bien connu et dont l'usage était assez répandu ; nous en trouvons la preuve dans un compte de la comtesse Mahaut, qui fait partie des archives du Pas-de-Calais : on y trouve cette mention à la date de 1307.

Pour vin que mestre Girard avait acheté pour faire iaue ardente *pour no (tre) demoiselle... 10 sous 10 deniers.*

L'appareil généralement employé à cette époque se rapprochait beaucoup de l'alambic de Synésius et il se retrouve encore dans les laboratoires et les pharmacies. Il est représenté sur la figure ci-contre que nous empruntons à l'excellent *Dictionnaire des arts et manufactures* de M. Laboulaye.

L'appareil est formé d'une cucurbite en verre A, d'un chapiteau B de même matière dont le col c entre exactement dans le col b de la cucurbite. Le joint est luté avec soin. Autour du chapiteau règne une gouttière intérieure qui se prolonge avec le bec d. Les vapeurs condensées sur le

chapiteau, refroidi par des linges mouillés, descendent par
la gouttière dans le bec ou tube abducteur *d*, et le liquide

se rend dans un récipient ou matras D. Cet appareil servait
également aux rectifications.

On comprend sans peine toutes les difficultés inhérentes
à une distillation opérée dans de telles conditions, quand
le refroidissement de la partie supérieure était la seule
cause de la condensation; on comprend quelle était la
lenteur de l'opération, d'autant plus qu'il fallait la répéter
plusieurs fois, et combien il était impossible de se procurer
ainsi des quantités notables d'eau-de-vie. Toutes ces
raisons devaient conduire les alchimistes à rechercher des
modifications par lesquelles ils pussent obtenir la quintessence en plus grande proportion et en moins de temps par
une seule opération.

Cependant il faut arriver jusqu'à Glauber pour trouver
un perfectionnement sérieux, par l'invention du serpentin.

Le même chimiste entrevit aussi l'utilité de la disposition
des appareils connus aujourd'hui sous le nom d'appareils de
Woolf et dont nous parlerons tout à l'heure.

CHAPITRE VI

LA DISTILLERIE AUX XVIIIe ET XIXe SIÈCLES

Vers la fin du xviiie siècle, l'appareil distillatoire proprement dit fut l'alambic, composé d'une cucurbite plus ou
moins vaste et d'un chapiteau, et l'on opérait la distillation
à feu nu ou au bain-marie ; dans ce dernier cas, la
cucurbite se trouvait plongée dans un autre vase contenant
de l'eau et seul exposé à l'action du feu. L'alambic à
feu nu se composait généralement d'une cucurbite dont le
diamètre était un peu plus grand au sommet qu'à la partie
inférieure ; elle était munie au bas d'un tube de vidange ou
dégorgeoir à robinet pour la sortie des liquides épuisés ;
elle portait, en haut, une douille pour l'introduction des
liquides et le chapiteau, moins dilaté qu'auparavant, s'adap-
tait avec l'orifice du bouilleur.

C'est Chaptal qui, le premier, estima que la chaudière
était trop haute et pas assez large ; *le feu n'en frappant que
la base,* disait-il, *la distillation s'établit lentement et le dépôt
qui se forme, par suite de l'évaporation, recevant un degré de
feu trop violent, il en contracte un goût de feu désagréable
qui se communique à l'eau-de vie.*

En outre, l'étranglement de la partie supérieure de la chaudière s'oppose à la libre ascension des vapeurs ; cette partie n'étant pas recouverte de maçonnerie et étant frappée par l'air atmosphérique, la température doit y être plus fraîche que sur les autres points, et par conséquent, la partie de la colonne de vapeur qui va en frapper les bords doit se refroidir, s'y condenser et retomber en stries dans la chaudière.

En outre, le chapiteau étant lui-même exposé à la température de l'air extérieur, il doit s'y reproduire les mêmes inconvénients.

La manière d'administrer le feu est plus vicieuse encore : la chaudière placée sur le foyer n'est frappée directement par la chaleur que dans la surface du fond, de manière que le courant d'air s'établit par la porte et se précipite dans la cheminée en passant entre le combustible embrasé et le fond de la chaudière. De cette façon, une très grande partie de la chaleur s'échappe en pure perte dans la cheminée et la chaleur qui ne s'applique au liquide que par un point doit se communiquer bien lentement à la masse.

C'est en partant de ces observations que Chaptal améliora singulièrement l'appareil.

Il diminue considérablement la hauteur de la chaudière, en élargit les flancs et en incline les côtés de manière que le diamètre augmente progressivement jusqu'à environ un décimètre du bord supérieur. Là, les côtés se courbent en arcs et se rapprochent si bien que l'ouverture et le fond de la chaudière doivent être exactement du même diamètre.

La chaudière est surmontée d'un chapiteau conique dans lequel on a pratiqué aux bords inférieur et supérieur une gouttière destinée à recevoir le liquide qui se condense contre les parois et qui, au lieu de retomber dans la chaudière, est conduit dans le serpentin. Le chapiteau est entouré d'un réfrigérant destiné à recevoir de l'eau froide, pour condenser les vapeurs qui vont frapper contre les parois intérieures du chapiteau.

Dans l'ancienne construction, le chapiteau communiquait au serpentin par un tuyau incliné et d'un assez petit diamètre, tandis que dans l'appareil de Chaptal, le tuyau de communication a, à sa base, toute la hauteur et toute la largeur du chapiteau et diminue de diamètre en s'approchant du serpentin dans lequel il va s'ouvrir et s'ajuster.

Le serpentin ne diffère de l'ancien qu'en ce que les premières circonvolutions sont plus grosses.

Enfin le fond de la chaudière, au lieu d'être plat, est légèrement bombé, de manière à former une courbe dont la convexité est en dedans; grâce à cette disposition, la chaleur du foyer est à peu près égale sur tous les points, le fond de la chaudière présente plus de force et se laisse plus difficilement affaisser par le liquide; les dépôts qui se forment par suite de l'évaporation, sont rejetés sur les angles qui reposent sur la maçonnerie, ils ne reçoivent pas la chaleur directe et sont, par conséquent, moins sujets à être brûlés.

Enfin Chaptal remédie aux défauts qu'il avait signalés dans le foyer; il le remplace par une construction méthodique dont le trait principal est le vide laissé tout autour de la chaudière et par lequel doit passer le courant qui s'échappe du foyer avant de s'échapper par l'ouverture qui fait la base de la cheminée; de cette façon, la chaudière est chauffée sous toutes ses faces.

Les améliorations que nous venons d'énumérer étaient d'une grande importance et elles ont fait faire un grand pas à l'art de la distillation; avec cet outillage, on obtenait d'abord, par la distillation, des liqueurs plus ou moins faibles qu'on appelait les petites eaux; ces petites eaux, soumises à une distillation nouvelle, à une rectification, dans le même appareil, formaient ce qu'on appelait la repasse qui donnait un produit plus fort.

Il fallait souvent plusieurs repasses pour faire arriver tout le produit à ce degré de force alcoolique, sorte d'étalon com-mercial, que l'on nommait *preuve de Hollande* et qui ré-pondait à 18° 5 de l'échelle de Cartier ou à 48 degrés centé-simaux environ.

On voit clairement les difficultés et les dépenses considé-rables de combustible et de main-d'œuvre que rencontrait le praticien pour transformer ses eaux-de-vie par des repasses ou rectifications successives, en alcools ou esprits d'une force déterminée.

Il était réservé à un Français, Edouard Adam, de Rouen, de transformer l'art de la distillation et de lui faire réaliser un progrès énorme. L'idée de cette découverte lui vint en suivant un cours de chimie et en voyant fonctionner l'appareil du chimiste Woolf.

Cet appareil, destiné aux expériences de laboratoire, était fort ingénieux. Woolf avait remarqué que certaines des sub-stances volatiles qui s'élèvent dans la distillation perdent rapidement le calorique qui les a vaporisées, que d'autres ne peuvent se vaporiser qu'autant qu'on leur présente un liquide avec lequel elles puissent se combiner ou dans lequel elles puissent se dissoudre et enfin qu'il en est une troisième espèce qui conserve constamment son état gazeux dès qu'on a rompu, par la chaleur, les liens qui la retenaient dans un état de combinaison.

Dans le premier cas, il suffit d'un simple récipient pour opérer la condensation. Dans le second, il faut faire passer la vapeur ou le gaz à travers le liquide qui doit l'absorber. Dans le troisième, on peut présenter des tonneaux pleins d'eau à la substance incoercible, de manière qu'à mesure qu'ils reçoivent ce gaz, ils se vident du liquide qu'ils con-tiennent.

La figure ci-contre nous donnera une idée plus exacte de cet appareil [1].

Entre le récipient et une cuve remplie d'eau, on dispose trois flacons à trois tubulures chacun, on adapte ensuite les tubes recourbés à l'orifice du récipient et à deux des tubulures de chaque flacon; l'extrémité du dernier tube est

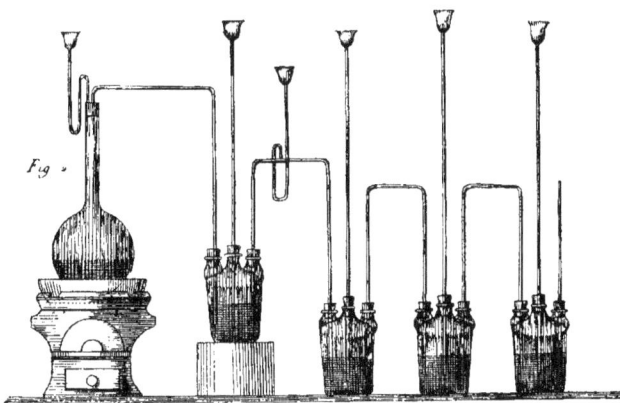

APPAREIL DE WOOLF.

ouverte sous un bocal plein d'eau et renversée sur la cuve de manière que ses bords plongent dans l'eau.

La seconde branche de chaque tube plonge profondément dans la capacité des flacons, tandis que l'autre s'ouvre à la partie supérieure.

A la tubulure du milieu de chaque flacon, on a encore adapté un tube qui plonge bien avant dans la capacité et s'ouvre dans l'air par un godet ou entonnoir pratiqué à son extrémité supérieure.

1. Chaptal, *Traité de chimie.*

On a encore soudé, au milieu de la courbure des tubes des deux extrémités, un tuyau qui porte un renflement vers le milieu de sa tige.

Chaque tube est passé dans un bouchon de liège pour qu'il s'adapte exactement au goulot de chaque flacon : on dispose les bouchons à recevoir les tubes en les perçant dans leur milieu avec une tige de fer ronde, pointue et rougie au feu.

Cela posé, on verse, par les entonnoirs, l'eau ou le liquide propre à se combiner ou dissoudre le gaz qui se dégage ; et, comme on connaît la quantité de liquide nécessaire pour saturer le volume de gaz qui doit se dégager d'une quantité donnée de matière soumise à la distillation, on la répartit entre le premier et le second flacon ; on réserve le liquide du troisième qui ne peut pas se saturer, pour une seconde opération, et alors on le place le premier. Le liquide qu'on verse dans chaque flacon doit recouvrir l'extrémité des tubes. On fait couler, en même temps, dans les petites boules un peu d'eau.

On conçoit à présent que, s'il s'échappe une vapeur du récipient, elle sera transmise dans le liquide du premier flacon par l'extrémité du premier tube qui va s'y ouvrir ; qu'en traversant ce volume de liquide, elle s'y combinera ou s'y dissoudra ; que la portion qui n'est pas absorbée viendra à la surface et s'échappera par le second tube pour se rendre dans le liquide du second flacon, de là, dans le troisième, et de celui-ci, enfin, sous le bocal dans la capacité duquel elle s'élèvera en déplaçant l'eau qu' s'y trouve.

La distillation une fois terminée, on trouvera donc : 1° dans le récipient, les substances aisément coercibles ; 2° dans les flacons, les substances gazeuses susceptibles de combinaison ou de solution dans l'eau ; 3° dans le bocal, les gaz incoercibles.

Mais, comme la chaleur a dilaté les substances gazeuses

contenues dans le récipient et les flacons, il y aurait à craindre que le refroidissement de l'appareil ou la diminution du dégagement de gaz ne déterminât une pression de l'air extérieur qui forcerait l'eau de la cuve à passer dans le troisième flacon, lequel se viderait alors dans le second; le second dans le premier ; celui-ci dans le récipient. Pour obvier à cet inconvénient, on établit des tubes de sûreté ; il est évident que l'air extérieur doit se précipiter par ces tubes et rétablir bientôt l'équilibre, du moment qu'il commence à se faire un peu de vide dans les vaisseaux. Comme les tubes plongent dans le liquide des flacons et que ceux-ci, qui sont soudés sur les courbures, ont un peu d'eau dans la boule qui est le long de la tige, il n'y a pas possibilité que les vapeurs qui se dégagent par la distillation s'échappent dans l'air.

Cet appareil était un perfectionnement heureux ; il fournissait le moyen de recueillir tous les produits d'une opération et de les recueillir séparément; il faisait disparaître toute crainte d'explosion et toute volatilisation de substance âcre ou dangereuse.

En voyant fonctionner cet appareil, Adam eut l'idée d'utiliser, pour la distillation du vin, le phénomène de l'ébullition successive des liqueurs alcooliques dont le point d'ébullition est d'autant moins élevé qu'elles sont plus riches en alcool.

La teneur alcoolique d'un liquide augmentant dans une proportion très rapide, au fur et à mesure que le point d'ébullition s'abaisse, comme le montre le tableau ci-joint que nous empruntons à l'ouvrage de M. Laboulaye, il s'ensuit qu'à l'aide d'une série de vases condenseurs successifs, les produits de la distillation venant de l'alambic sont d'abord condensés dans le premier vase ; mais celui-ci, s'échauffant peu à peu, acquerra bientôt une température normale inférieure à celle de l'alambic, suffisante pour faire passer dans ce second condenseur un liquide alcoolique d'une teneur plus considérable et ainsi de suite. En définitive, on obtiendra dans les divers vases, d'une manière continue, des produits de plus en plus riches en alcool.

Voici le tableau dû à Grœning, des points d'ébullition des liqueurs alcooliques, en raison de leur composition et la teneur alcoolique de la vapeur qui se dégage :

LIQUEURS ALCOOLIQUES

TEMPÉRATURE DE L'ÉBULLITION	TENEUR ALCOOLIQUE	
	du liquide en ébullition pour 100.	de la vapeur qui se dégage pour 100.
76° 7	92	93
77° 7	90	92
77° 8	85	91
78° 2	80	90 1/2
79°	70	90
79° 2	70	89
80°	65	87
81° 3	50	85
82° 7	40	82
83° 9	35	80
85°	30	78
86° 3	25	76
87° 7	20	71
88° 9	18	68
90°	15	66
91° 3	12	61
92° 5	10	55
93° 9	7	50
95°	5	42
96° 3	3	36
97° 6	2	28
98° 9	1	13
100°	0	0

Edouard Adam construisit à la hâte un petit appareil qui se composait :

1° d'une cucurbite et d'un chapiteau semblables aux mêmes pièces de l'alambic de Chaptal ;

2° d'une caisse en cuivre divisée en quatre cases communiquant entre elles par des tuyaux percés de trous comme les tuyaux d'arrosoir ;

3° d'une seconde caisse pareille à la première, avec cette seule différence qu'elle était divisée en six cases ;

4° enfin, d'un serpentin joint à la dernière caisse.

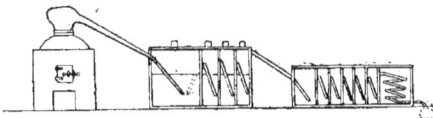

PETIT APPAREIL D'ADAM.

Il appelait la première caisse *appareil distillatoire,* et la seconde *appareil condensateur.* Ces deux caisses réunies avaient une capacité intérieure égalant celle de l'alambic.

Pour opérer, Adam mettait du vin dans la cucurbite et dans les quatre cases de l'appareil distillatoire jusqu'à moitié environ de leur hauteur ; puis il portait à l'ébullition le liquide de la chaudière. Les vapeurs qui en sortaient passaient dans la première case où elles se condensaient jusqu'à ce que le vin eût acquis la température de l'ébullition par suite du calorique abandonné par elles. Le vin de cette case, ainsi échauffé, et devenu plus alcoolique, envoyait à son tour des vapeurs plus riches en alcool dans la seconde case ; celle-ci en envoyait bientôt dans la troisième, et ainsi de suite. Par conséquent, le vin de la quatrième case ne tardait pas à renfermer presque tout l'alcool vaporisé de l'alambic et des trois cases de l'appareil distillatoire.

On voit par là, dit M. Girardin[1], qu'Adam avait trouvé moyen de tirer tout le parti possible de la chaleur latente des vapeurs, chaleur qui égale cinq fois la chaleur de l'eau à 100°.

Les vapeurs sortant de l'appareil distillatoire et arrivant dans l'appareil condensateur, en parcouraient toutes les cases et déposaient dans chacune leur partie la plus aqueuse dont la quantité allait sans cesse en diminuant de case en case ; les parties les plus volatiles allaient enfin se condenser dans le serpentin adapté à la machine. Il suit de là que le liquide condensé dans les cases de l'appareil était d'autant plus spiritueux qu'il avait traversé plus de cases et que la distillation des produits spiritueux ne s'opérant plus à la fin que sur les dernières cases, l'alcool recueilli dans le serpentin devait toujours être au même degré, ce qu'on ne pouvait point obtenir avec les anciens appareils, la spirituosité du produit allant sans cesse en diminuant jusqu'à la fin de l'opération.

Cet appareil fut soumis à une épreuve officielle à Montpellier, en présence du préfet de l'Hérault et sous la surveillance de professeurs de chimie ; le rapport qu'ils firent constata qu'on avait réalisé une économie de temps, de combustible et de main-d'œuvre « puisque, disaient-ils, dans une seule chauffe, par un appareil qui n'exige pas plus de bras, on obtient ce que les procédés antérieurs n'obtiennent que par plusieurs opérations ».

C'est à la suite de cette expérience qu'Edouard Adam prit un brevet d'invention pour quinze ans, le 29 mai 1801. En construisant un appareil sur une grande échelle, il reconnut bien vite les modifications qu'il fallait lui faire subir pour rendre sa marche plus sûre et plus rapide. Aux deux caisses divisées en plusieurs cases, il substitua des vases distincts

1 Girardin, notice sur Adam, Rouen, 1856.

en nombre égal à celui des cases, et il leur donna une forme ovoïde pour éviter le dépôt de tartre qui se faisait dans les angles et qui, par sa carbonisation, communiquait un goût désagréable au produit obtenu après plusieurs chauffes.

Mettant à profit une heureuse idée d'Argand qui, pour rendre la distillation plus active, avait conseillé d'introduire le vin déjà chaud dans la cucurbite, Adam fit passer les vapeurs alcooliques dans un serpentin rafraîchi par du vin au lieu d'eau et trouva ainsi moyen d'échauffer le vin nécessaire à l'alimentation de l'appareil, sans employer d'autre chaleur que celle qui est abandonnée par les vapeurs à mesure qu'elles se condensent. Ces changements importants lui firent obtenir un brevet de perfectionnement le 25 juin 1805. Plus tard il simplifia encore son appareil et lui donna la forme suivante [1] :

Les appareils qu'Édouard Adam établit tout d'abord furent construits sur d'énormes dimensions, parce que leur auteur, voulant utiliser le fruit de son industrie, s'était pénétré des notables avantages d'économie que les grandes fabriques possèdent sur les petites. Mais ces appareils étaient trop dispendieux à monter pour être à la portée de la majorité des distillateurs.

Adam, voulant répandre le plus possible son procédé et en céder la jouissance à chacun pour une légère rétribution, ramena bientôt son alambic à des dimensions moindres, à des prix plus modiques, de manière qu'en lui conservant proportionnellement sa grande efficacité, il pût convenir à tous les fabricants, ainsi qu'aux propriétaires qui distillent eux-mêmes leurs vins. Il chercha surtout à le rendre propre, tout à la fois, et à la distillation des esprits et à la fabrication de l'eau-de-vie ordinaire, afin que le distillateur pût obtenir à son gré, et suivant les besoins du

1 V. fig. p. 241.

commerce, l'un ou l'autre de ces produits, par un simple changement de manipulation et avec le même instrument.

C'est à quoi il réussit parfaitement avec l'appareil dont nous donnons la figure ci-contre [1] et pour lequel ses frères se firent breveter quelque temps après sa mort.

A gauche, nous voyons le fourneau de distillation avec sa cheminée et sa chaudière que l'on charge de vin ; les vapeurs vont se condenser dans les ballons H et K. Les tuyaux S font circuler les vapeurs et les portent dans le cylindre rectificateur à trois cases Q, qui plonge dans une case rectangulaire.

Le tuyau E fait remonter les vapeurs du cylindre dans le serpentin placé dans le foudre supérieur qui est presque rempli de vin.

Le ballon H est toujours vide et offre une assez grande capacité dans laquelle les vapeurs, aussitôt qu'elles arrivent, éprouvent une grande dilatation et un refoulement qui permettent au liquide entraîné par elles de s'en séparer, de céder à sa propre pesanteur et de revenir à l'alambic par le tuyau I tandis que les vapeurs s'échappent par le tube S pour aller parcourir le reste de l'appareil.

Le ballon K est une première case de rectification ; il est enfermé dans un bassin et peut être recouvert d'eau pour sa réfrigération.

Quand le brûleur veut fabriquer l'eau-de-vie *preuve de Hollande*, il n'a qu'à rendre nulle, ou à peu près, la réfrigération des vapeurs qui, dès lors, parviennent au serpentin, sans avoir perdu leur partie aqueuse ; or, pour obtenir cet effet, il suffit tout simplement de retirer l'eau des bassins W et Q.

La découverte d'Adam avait fait beaucoup de bruit ; le gouvernement espagnol lui fit faire les offres les plus

1. D'après l'ouvrage de M. Girardin.

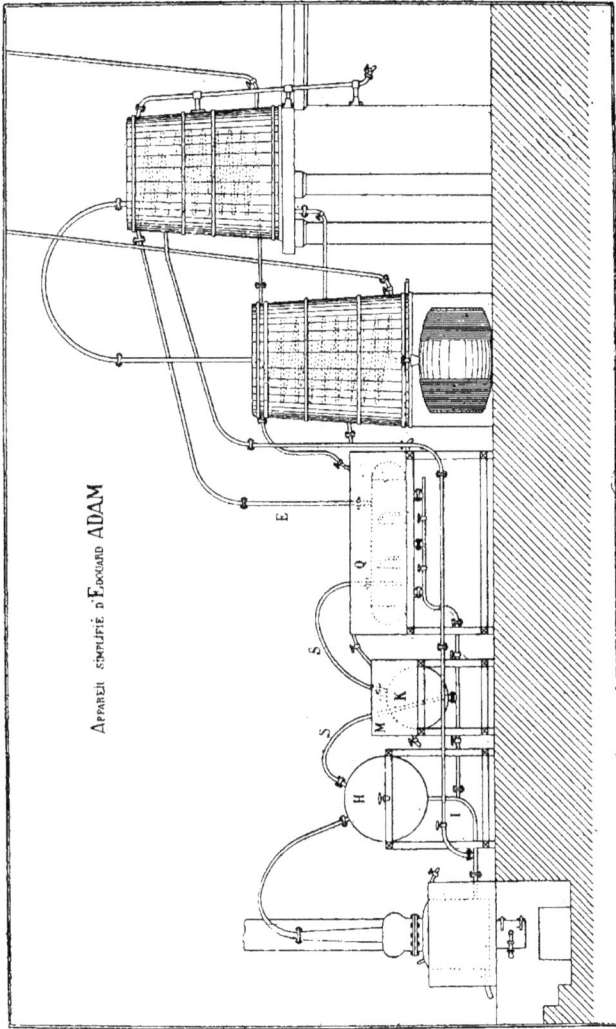

APPAREIL SIMPLIFIÉ D'ÉDOUARD ADAM

brillantes s'il voulait lui assurer l'exploitation de son brevet ; il les refusa par un esprit de généreux patriotisme dont il fut bien mal récompensé.

Il s'associa avec plusieurs capitalistes pour monter vingt brûleries dans les départements de l'Hérault, du Gard, du Var, de l'Aude et des Pyrénées-Orientales, il ne fallut pas moins d'un million, somme considérable à cette époque, pour lancer cette grande entreprise.

Mais, de tous côtés, s'élevèrent des appareils calqués sur le sien et n'en différant que par la forme. En moins de quelques années, toutes les brûleries furent pourvues de nouvelles machines qui, inférieures aux siennes, étaient cependant supérieures aux anciens appareils ; les plagiaires, bien entendu, s'étaient munis de brevets d'invention.

Adam les attaqua devant les tribunaux ; mais, malgré tout son bon droit, il succomba dans une lutte qui dura plusieurs années et dans laquelle ses adversaires Solimani, un ancien professeur de chimie, Fournier, pharmacien à Nîmes, et Bérard, distillateur du Gard, employèrent les procédés les plus odieux.

Accablé par la perte de tous ses procès, Adam tomba malade et, au bout de quelques jours, il mourait, laissant un fils de douze ans et une fille de six semaines auxquels il léguait seulement 400.000 francs de dettes.

C'était un chapitre de plus à ajouter au long martyrologe des inventeurs dont plusieurs, Lebon, Leblanc, Jacquart, ont été les contemporains d'Adam ; le frère de ce dernier réussit à obtenir du gouvernement impérial une pension viagère pour les enfants de l'infortuné savant et l'éducation de son fils aux frais de l'Etat.

Depuis, l'oubli s'est fait sur le nom d'Adam ; la plupart des biographies passent son nom sous silence ; Larousse lui consacre quatre lignes et, au milieu du débordement des statues élevées à des illustrations de clocher ou à des grands hommes politiques, il attend encore la sienne. Cependant si, depuis le commencement de ce siècle, de grands perfectionnements, dont nous dirons un mot plus loin, ont été réalisés dans la construction des appareils distillatoires, on n'a pas quitté la voie ouverte par les découvertes d'Edouard Adam.

Aussi sommes-nous heureux, après le professeur Girardin qui lui a consacré une notice intéressante, de rendre hommage à cet homme de génie qui succomba devant la coalition de l'intérêt et de l'envie.

L'appareil d'Adam fut modifié en 1813 par Cellier-Blumenthal qui eut l'idée de multiplier presque à l'infini les surfaces du vin soumis à la distillation, pour économiser le temps et le combustible. A cet effet, il faisait circuler les vapeurs qui s'échappent de la chaudière, sous de nombreux plateaux placés les uns au-dessous des autres et contenant chacun une couche de vin d'environ 27 millimètres d'épaisseur. Ces plateaux étaient continuellement alimentés par du vin chaud provenant du bac réfrigérant et qui, après avoir perdu la plus grande partie de son alcool, arrivait dans la chaudière où il achevait de s'épuiser.

L'appareil Cellier-Blumenthal fut à son tour perfectionné par Derosne, puis par Cail. Cette dernière modification encore employée, nous dit M. Girard, se compose[1] :

1° De deux chambres à distiller placées à des hauteurs différentes sur un foyer ordinaire ; ces chaudières (v. fig. ci-contre) communiquent entre elles par un tuyau supérieur recourbé, destiné à porter les vapeurs de la chaudière inférieure à la chaudière supérieure, puis inférieurement par un autre tube à robinet, destiné à laisser écouler les vinasses de la chaudière supérieure dans la chaudière inférieure ; ces chaudières sont munies de tubes en verre qui font connaître la hauteur du liquide.

1. *Grande Encyclopédie*, tome XIV p. 696.

2° D'une colonne en cuivre placée sur la chaudière supérieure ; cette colonne, dans la première moitié de sa
hauteur, est garnie de plateaux placés les uns au-dessous
des autres et destinés à recevoir chacun une couche de vin
d'environ 27 millimètres d'épaisseur : cette première partie
de la colonne porte le nom de *colonne à distiller ;* dans la
moitié supérieure qui porte le nom de *colonne à rectifier,* il
n'y a pas de plateaux.

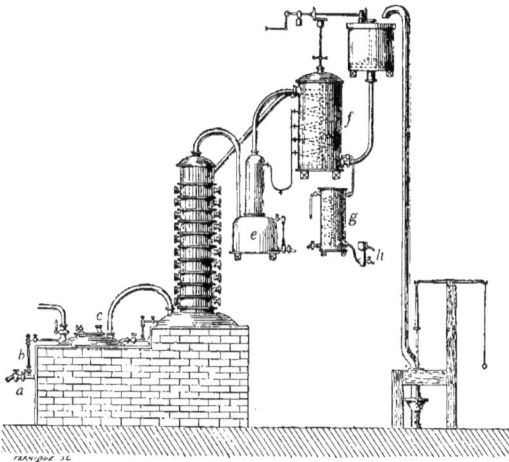

APPAREIL DE CAIL.

a Robinet de vidange ; *b* Tube indicateur de niveau du liquide ; *c* Sou-
pape de sûreté ; *e* Condensateur ; *f* Serpentin rectificateur ; *g* Condensateur d'où s'écoule l'alcool en traversant l'éprouvette *h* dans le réservoir
affecté à ce produit.

3° D'un condenseur chauffe-vin qui n'est autre chose
qu'un serpentin placé dans un bac que l'on tient constamment rempli de vin ; le serpentin est muni, dans toute sa
longueur, de plusieurs tubes d'écoulement fermés par des

robinets et qui donnent des produits alcooliques à divers degrés.

4° D'un réfrigérant garni intérieurement d'un serpentin qui conduit le liquide distillé dans une éprouvette d'essai et, de là, dans des récipients. Le réfrigérant porte également au centre un tuyau qui remonte perpendiculairement bien au-dessus du niveau du chauffe-vin et qui se termine par un entonnoir. Ce tube reçoit le liquide à distiller d'un réservoir supérieur. Le réfrigérant porte également au centre un autre tube droit qui communique avec le chauffe-vin et qui est destiné à faire passer le vin du réfrigérant dans le chauffe-vin.

Pour la mise en marche de l'appareil, on commence par emplir de vin la chaudière inférieure jusqu'aux trois quarts de sa hauteur, et dans la chaudière supérieure la surface du vin ne doit se trouver qu'à 16 centimètres au-dessus du tuyau de décharge.

Le réfrigérant est rempli de vin ainsi que le chauffe-vin et les plateaux; puis on chauffe la chaudière inférieure qui, seule, est munie d'un foyer. Bientôt le vin entre en ébullition et la chaudière supérieure commence à s'échauffer par le courant des gaz chauds qui s'échappent du foyer de la première. Les vapeurs qui s'élèvent de celle-ci se rendent dans le liquide de la chaudière supérieure où elles se condensent en abandonnant leur chaleur qui échauffe le vin. Celui-ci ne tarde pas à entrer en ébullition; les vapeurs qu'il dégage passent dans la colonne à plateaux, où, rencontrant le liquide qui descend du réservoir, elles lui abandonnent de la chaleur; une quantité proportionnelle des vapeurs alcooliques se dégage; l'eau condensée retourne dans la chaudière avec le vin épuisé des plateaux.

Les vapeurs, passant ensuite dans le condenseur chauffe-vin, y laissent encore une certaine quantité d'eau et enfin elles se condensent complètement dans le réfrigérant. Le volume du liquide qui s'écoule est égal à celui qui sort du réservoir supérieur. Le vin épuisé sort continuellement de la chaudière et, de cette façon, la marche de l'appareil n'est interrompue que pour les nettoyages qui sont nécessaires de temps en temps.

Aujourd'hui on emploie pour la préparation des alcools industriels les appareils à colonne dont l'idée première est due à Savalle; voici ce qu'en dit M. Girard dans l'ouvrage que nous avons déjà cité.

L'appareil à colonne se compose essentiellement d'une série de tronçons superposés constituant chacun un petit alambic. Chaque tronçon se compose d'un caisse métallique, cylindrique ou rectangulaire dont le fond est percé de deux ouvertures : l'une centrale, sur laquelle est fixé un tuyau permettant aux vapeurs de monter dans l'appareil; l'autre, vers la paroi, donne passage à un tuyau du trop-plein chargé d'assurer l'écoulement du liquide. Le premier tube est recouvert d'une calotte qui a pour but de forcer les vapeurs à barboter dans le liquide qui recouvre le plateau de chaque tronçon.

Le vin à distiller est introduit par un tube situé au sommet de la colonne ; ce tuyau débouche un peu au-dessus du niveau du liquide qui recouvre le plateau du premier tronçon ; celui-ci communique avec le deuxième par un tuyau qui s'ouvre un peu au-dessus du niveau atteint par le premier tuyau ; ce dernier baigne ainsi continuellement dans le liquide, disposition qui empêche la vapeur de s'échapper par cette voie. Le deuxième tuyau est disposé d'une façon analogue par rapport au troisième tronçon.

Les ouvertures des tuyaux de vidange sont diamétralement opposées dans chaque tronçon. Dans le compartiment le plus bas de la colonne, on injecte de la vapeur pour réchauffer le moût qui ne renferme presque plus d'alcool ;

elle entraîne le peu qu'il en reste et passe au plateau supérieur où le moût est un peu plus riche ; elle lui enlève son alcool avant de se rendre dans le tronçon qui est immédiatement au-dessus. Le courant monte ainsi de plateau en plateau, en augmentant son titre alcoolique, jusqu'au sommet de la colonne où il rencontre le moût arrivant dans l'appareil. Comme on le voit, le liquide à distiller subit dans la colonne un épuisement méthodique par la vapeur d'eau; on obtient de cette façon un rendement en alcool très considérable et avec le minimum de dépense de combustible.

Nous n'entrerons pas dans le détail de la construction des différents appareils à colonnes dus à d'habiles constructeurs tels que MM. Champonnois, Egrot, Deroy etc. ; il nous suffit d'avoir montré les progrès immenses accomplis par la distillation au XIXe siècle.

Nous voulons maintenant, revenant à notre sujet, montrer quels ont été les résultats de ces progrès au point de vue des liqueurs.

CHAPITRE VII

LA FABRICATION ET LA DISTILLATION
DES LIQUEURS

Sans vouloir remonter aux premiers essais de fabrication de liqueurs, ce qui nous entraînerait trop loin et sans aucune utilité, puisque nous ne pourrions que décrire une seconde fois des appareils imparfaits déjà mentionnés, nous indiquerons comment l'on comprenait, sous le règne de Louis XIV, l'art de la distillation appliquée aux liqueurs.

Nous empruntons ces curieuses indications à un ouvrage dont nous avons déjà parlé et qui a été récemment mis en lumière par M. Alfred Franklin, l'éminent bibliothécaire en chef de la bibliothèque Mazarine, dont les travaux sur la *Vie privée d'autrefois* sont si intéressants en même temps qu'ils témoignent d'une érudition aussi étendue que judicieuse et variée.

Cet ouvrage a pour titre : *La Maison réglée* et *l'Art de diriger la maison d'un grand seigneur et autres...* avec la *Véritable méthode de faire toutes sortes d'essences d'eaux et de liqueurs, fortes et rafraîchissantes à la mode d'Italie.*

L'auteur, Audiger, dont nous avons parlé, avait été chef

d'office dans plusieurs grandes maisons ; le chef d'office était un personnage important qui prenait rang immédiatement après le maître d'hôtel et était chargé d'ordonner les desserts (en dehors des fruits) c'est-à-dire les crèmes, les compotes, les confitures, certaines pâtisseries, les sirops, les liqueurs, le café ; il avait, en outre, la surveillance de la cave et la garde du linge de table et de la vaisselle d'or et d'argent. Après avoir servi chez la comtesse de Soissons, chez Colbert, chez le duc de Beaufort, Audiger finit, nous le rappelons, par s'établir limonadier au Palais-Royal et eut bientôt la plus riche clientèle de Paris.

Sur ses vieux jours, en 1692, il publia le livre dont nous avons cité le titre plus haut et, dans lequel nous trouvons le passage suivant :

Pour distiller au bain-marie, il faut avoir un vaisseau qui s'appelle la poire, autrement dit matras. Il faut mettre ce que vous voulez distiller dedans, avec la liqueur convenable à sa distillation, le couvrir de sa chapelle, autrement dit cucurby, et le bien luter tout autour avec du gros papier et de la pâte que l'on fait avec de la farine, dont vous frotterez le papier comme d'une espèce de colle.

Puis vous mettez votre alambic dans un chaudron ou chaudière pleine d'eau, selon sa grandeur, que vous mettrez sur un fourneau ou trépied, et le ferez bouillir toujours d'un bouillon égal, afin que cela fasse bouillir ce qui est dans votre alambic.

Avant que d'y mettre votre bouteille ou récipient, vous en laisserez tomber environ un demi-verre qui est ce qu'on appelle le flegme. Après cela, vous y mettrez votre récipient que vous luterez et boucherez bien avec du papier frotté de la susdite colle, puis vous le laisserez aller et aurez soin à mesure que votre chaudron diminuera, de le remplir avec de l'eau bouillante.

Et, pour aider à la distillation, vous prendrez un torchon ou grosse serviette que vous mouillerez dans de l'eau fraîche et, après l'avoir pressée pour en ôter la grosse eau, vous en couvrirez la chapelle de votre alambic. Et, quand elle sera chaude à commencer à sécher, vous la remouillerez toujours de la même manière jusques à la fin de votre distillation.

Si votre alambic tient neuf ou dix pintes, vous n'y mettrez que six pintes de liqueur avec ce que vous voulez distiller, parce que, si vous l'emplissiez tout à fait, cela monterait et entrerait dans votre chapelle : c'est à quoi il faut prendre garde. Et, lorsque vous verrez qu'il commencera à bouillir, vous en morigénerez le feu, afin qu'il bouille doucement, et l'entretiendrez toujours de même jusqu'à la fin.

De six pintes de liqueur ainsi mises à la distillation vous ne pouvez tirer que trois pintes de bon, c'est-à-dire que de pinte vous ne pouvez pas espérer plus de chopine tout au plus.

Si c'est en sable que vous vouliez distiller, ou à la cendre, il faut mettre votre vaisseau dans une terrine ou dans un pot de fer avec du sable ou de la cendre dessus et tout autour, et y faire un feu doux et tempéré, parce que la cendre ou le sable s'échauffent de peu de feu.

Ainsi vous ferez toujours travailler votre alambic et tâcherez de le maintenir dans un même degré de chaleur. Pour aider à la distillation, vous mettrez, comme il est déjà dit ci-devant, un linge mouillé sur la chapelle et prendrez garde que la liqueur ne monte trop, parce que si elle entrait dans la chapelle, elle gâterait toute votre distillation. Prenez toujours bien garde aussi que vos vaisseaux soient bien lutés, et de tirer le flegme avant que d'y mettre votre récipient.

Au XVIIIe siècle, nous trouvons dans l'*Encyclopédie,* ce résumé si complet des connaissances de l'époque, des renseignements précieux sur la distillation telle qu'elle était comprise à cette époque. Ce sont tout d'abord les règles essentielles qui sont expliquées ainsi qu'il suit :

1° On doit employer des vaisseaux contenants élevés, toutes les fois que le résidu de la distillation doit être en tout ou en partie une substance qui a quelque volatilité comme dans la distillation du vin, dans la rectification des huiles essentielles, des acides, des alcalis volatils, des esprits ardents, ou encore, lorsque la matière à distiller se gonfle considérablement, comme dans la distillation de la cire, du miel, de certaines plantes, etc.

2° La hauteur de ces vaisseaux doit être telle que la liqueur la moins volatile, celle qui doit constituer le résidu ou en être une partie, ne puisse pas parvenir jusqu'au récipient. L'appareil le plus commode est celui où les vaisseaux contenants ne s'élèvent que fort peu au-dessus du terme où peut être porté ce résidu réduit en vapeur. Les alambics dans lesquels le chapiteau est séparé de la cucurbite par un serpentin ou par un long tuyau et qu'on employait autrefois beaucoup plus qu'aujourd'hui à la rectification de l'esprit de vin, sont un vaisseau dont on peut se passer et auquel un matras de trois ou quatre piès de haut recouvert d'un chapiteau peut très bien suppléer. Quant aux substances sujettes à se gonfler, la façon la plus efficace de prévenir les inconvénients qui peuvent dépendre de ce gonflement, c'est de charger peu les vaisseaux élevés dans lesquels on les traite.

3° Il faut dans tous ces cas employer autant qu'il est possible un degré de feu constant et purement suffisant pour faire passer, dans le récipient, les produits volatils. Un bain-marie bouillant fournit, par exemple, ce degré de feu déterminé et suffisant dans la rectification de l'esprit de vin, etc.

4° On doit, dans les même cas, n'appliquer le feu qu'à la partie inférieure du vaisseau et le laisser, dans la plus grande partie de sa hauteur, exposé à la froideur de l'air environnant, ou même le rafraîchir dans cette partie, sans pourtant pousser ce refroidissement au point de condenser la vapeur la plus volatile, car alors toute distillation cesserait. Ce dernier moyen est peu employé, parce qu'une certaine élévation des vaisseaux contenants suffit pour la séparation de deux vapeurs inégalement volatiles ; on pourrait cependant y avoir recours dans les cas où, faute d'autres vaisseaux, on serait obligé de rectifier dans un vaisseau bas un liquide composé dont le principe le moins volatile serait assez extansible pour s'élever jusqu'au sommet de ce vaisseau. On pourrait, par exemple, rectifier de l'esprit de vin dans un alambic d'étain qui n'aurait pas un pié de haut, en rafraîchissant la moitié supérieure de la cucurbite au-dessus du chapiteau. Mais j'avoue que cette observation est plus utile comme confirmant la théorie de la distillation que comme fournissant une pratique commode.

5° Lorsqu'il s'agit, au contraire, de séparer les produits volatils d'un résidu absolument fixe, les vaisseaux les plus bas sont les plus commodes dans tous les cas et il est absolument inutile d'employer des vaisseaux élevés, lors même que les produits mobiles sont très volatils.

6° Il faut, dans le cas des résidus absolument fixes, échauffer le vaisseau contenant jusqu'au lieu destiné à condenser les vapeurs, jusqu'au chapiteau dans la distillation droite et jusqu'à la naissance du cou de la cornue dans la distillation oblique. Pour cela, on enferme ces vaisseaux dans un fourneau de réverbère ; on recouvre les cornues placées au bain de sable ou bain-marie d'un dôme, on les entoure et on les couvre de charbon.

Nous observons à ce propos que la voûte de la cornue ne fait point du tout la fonction de chapiteau et qu'elle ne condense les vapeurs qu'en pure perte et lorsqu'on administre mal le feu. Les vapeurs ne se condensent utilement, dans la distillation latérale, que dans le cou de la cornue et dans le récipient ; la voûte de la cornue ne fait, comme les côtés de la cucurbite, que contenir la vapeur et la conserver dans un état de chaleur, et, par conséquent, d'expansion suffisante pour qu'elle puisse continuer sa route vers le vaisseau destiné à la condenser. Les stries, les gouttes, les ruisseaux de liqueurs formés dans l'intérieur de la retorte, que certains artistes ont donnés comme des signes auxquels on peut distinguer certains produits, ces stries, ces gouttes, ces ruisseaux disparaissent dès qu'on échauffe la retorte selon la règle que nous venons d'établir.

7° Il est toujours utile de rafraîchir le lieu de l'appareil *où la vapeur doit se condenser. Ce refroidissement a un double avantage, celui de hâter l'opération et celui de sauver les produits. Il hâte l'opération, car, si dans un appareil également chaud dans toutes ses parties de vaisseaux exactement fermés, il s'engendrait continuellement de nouvelles vapeurs, ces vapeurs subsistant dans leur même degré d'expansion, seraient bientôt obstacle à l'élévation de vapeurs nouvelles ; et il est même un terme où cette élévation doit non seulement être retardée, mais même supprimée, où la distillation doit cesser. Le froid débande la vapeur, la détruit, vuide l'espace des vaisseaux où on le produit, le dispose à recevoir une nouvelle bouffée de vapeurs. Quant à la deuxième utilité du refroidissement, il est clair que, dans la nécessité où l'on est de perdre une partie des vapeurs, comme nous allons l'exposer dans un moment, plus cette vapeur est condensée, moins il s'en échappe.*

Les moyens les plus employés pour rafraîchir sont ceux-ci : on se sert dans la distillation droite du chapiteau chargé d'un réfrigérant ou du serpentin. Dans la distillation latérale, on peut placer le récipient dans de l'eau, l'entourer de glace et le couvrir de linge mouillé : ce dernier moyen est le plus ordinaire ; il est utile de rafraîchir de la même façon le cou de la cornue, mais il faut avoir soin de ne pas toucher au corps de ce vaisseau.

Au reste, l'artiste doit toujours se souvenir que les vaisseaux de verre ne souffrant point le passage soudain d'un degré de froid à un certain degré de chaleur et réciproquement, on apprend par l'exercice à évaluer l'extension dans laquelle on peut sans péril leur faire éprouver des alternatives de froid et de chaud. Le balon échauffé par les produits les plus chauds des distillations ordinaires, soutient fort bien l'application d'un linge en quatre doubles, trempé dans de l'eau froide et légèrement exprimé. On peut rafraîchir sans précaution les vaisseaux de métal.

Outre ces règles majeures que nous avons données comme des corollaires pratiques de notre théorie de la distillation, il faut encore que le distillateur sache :

Premièrement, que puisqu'il doit opérer dans des vaisseaux fermés et que son appareil est composé de plusieurs pièces, il doit lutter exactement toutes les jointures des vaisseaux auxquelles les vapeurs doivent parvenir. Nous restreignons ainsi l'obligation de lutter, parce qu'elle n'a point lieu pour les jointures des vaisseaux que les vapeurs ne peuvent atteindre, comme celles du récipient et du bec du serpentin dans la distillation de l'eau-de-vie, etc.

Secondement, qu'il faut cependant laisser un peu de jour, ménager une issue à une partie des vapeurs (parce qu'il serait très difficile de rafraîchir assez, pour condenser et retenir toutes ces vapeurs dans des vaisseaux fragiles) à une partie des vapeurs, dis-je, et à l'air dégagé de la plupart des corps distillés et dont on ne peut ni ne veut retenir aucune portion dans les appareils ordinaires. Les anciens chimistes ne s'étaient pas avisés de la nécessité de ménager cette issue ; il ont tous recommandé de fermer exactement et ils l'ont fait autant qu'il a été en eux. Mais heureusement ils n'ont pas su lutter, et c'est l'impuissance où ils étaient d'observer leur propre règle qui les a sauvés, sans qu'ils s'en doutassent, des inconvénients qu'elle entraînait. Nous qui luttons très bien, nous faisons un petit trou au récipient, dans tous les cas où il importe de fermer exactement toutes les jointures des vaisseaux. C'est ici une invention moderne dont l'auteur est inconnu. Au reste, il vaut mieux bien lutter et avoir un récipient percé, que de lutter moins bien et avoir des vaisseaux sans ouverture ; parce qu'on est maître d'un petit trou pratiqué à dessein et qu'on ne l'est pas des pores et des crevasses d'un mauvais lut.

La manière ordinaire de gouverner le petit trou du balon c'est de ne l'ouvrir que de temps en temps, toutes les cinq ou six minutes, plus ou moins, suivant la vivacité du souffle qui en sort à chaque fois qu'on l'ouvre. Je crois qu'il est mieux, dans la plupart des cas, de le laisser toujours ouvert: 1° parce qu'on risque moins la fracture des vaisseaux ; 2° parce qu'on ne perd pas davantage peut-être moins.

Troisièmement, que les vaisseaux doivent être toujours

choisis d'une manière convenable, pour que les corps à distiller, ou les produits de la distillation, ne les attaquent point, ou n'en soient point altérés ; et, dans quelques cas particuliers, pour qu'on puisse se rafraîchir aisément.

Quant à l'art de gouverner le feu dans la distillation, c'est l'a b c de l'artiste.

Dans la distillation, on évalue le degré de feu par ses effets ; la quantité de vapeurs qui se manifestent par l'obscurcissement du balon, par sa chaleur, par la violence du souffle qui sort du petit trou etc., annonce un feu fort : la fréquence des gouttes qui tombent du bec de la cornue ou de celui du chapiteau, un ruisseau de liqueurs tombant d'un chapiteau ou d'un serpentin annonce la même chose : le feu doux est annoncé par les signes contraires : le degré moyen et le plus propre au plus grand nombre de distillations, est annoncé par un petit ruisseau continu de liqueur, dans les cas de distillation droite, où l'on emploie le grand serpentin, ou le grand chapiteau à réfrigérant et dans les cas ordinaires de distillation latérale et dans quelques distillations droites, par la chaleur médiocre du balon, le souffle modéré du petit trou, et la succession des gouttes dans un intervalle tel qu'on peut compter huit pulsations d'artère entre deux gouttes, ou articuler posément le nom des nombres jusqu'à huit : un, deux, trois, quatre, etc.

La vignette qui correspond à cet article dans les planches représente l'intérieur d'un atelier ; elle est reproduite ci-contre ; pour bien l'apprécier, il ne faut pas oublier qu'à cette époque, les limonadiers-distillateurs fabriquaient l'eau-de-vie aussi bien que les liqueurs. Voici les notes qui donnent l'explication des figures reproduites [1].

AB, entrée du fourneau qui est entièrement construit de brique, par laquelle on met le bois ; on ferme cette ouverture par la plaque de fer.

1. Voir figure ci-contre.

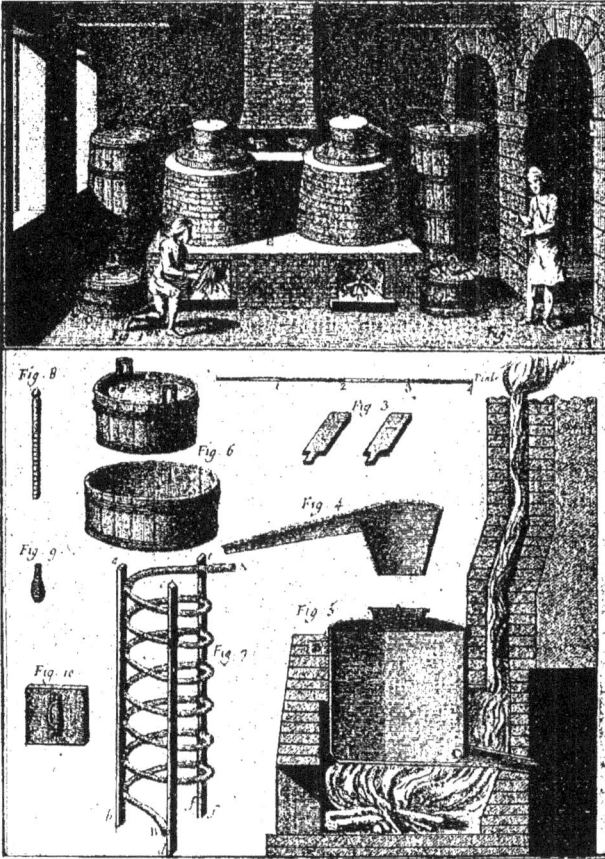

ATELIER DE LIQUORISTE AU XVIIIᵉ SIÈCLE.

CD, Tourelle de maçonnerie de brique qui renferme les chaudières.

E, place où l'ouvrier brûleur peut monter pour regarder dans les chaudières, les emplois ou ajuster les chapeaux.

a, b, le dessus des chaudières.

c, d, les chapiteaux ou chapeaux.

e, f, d, e, queues des chapeaux qui entrent dans les serpentins.

K, M, tonne, barrique, pique, ou réfrigérants dans lesquels les serpentins sont placés.

L, N, bassiots qui reçoivent l'eau-de-vie par un entonnoir placé au-dessus de l'extrémité inférieure du serpentin.

O, P, faux bassiots ou baquets dans lesquels les bassiots sont placés.

g, h, tuyaux venant d'un réservoir placé derrière le mur auquel la cheminée est adossée pour continuellement rafraîchir par de nouvelle eau celle qui environne les serpentins.

F, cheminée commune aux deux fourneaux,

x, y, tirettes ou régitres pour gouverner le feu dans les fourneaux.

Fig. 1. — Ouvrier qui attise le feu.

Fig. 2. — Ouvrier qui éprouve la liqueur qui est sortie du serpentin.

Bas de la planche.

Fig. 3. — Les deux tirettes ou régitres.

Fig. 4. — Coupe du chapeau de la chaudière par un plan qui passe le long de la queue.

Fig. 5. — Coupe de la chaudière et du fourneau sur lequel elle est montée.

A, collet de la chaudière qui reçoit intérieurement le chapeau.

B, oreilles au nombre de trois ou quatre, par lesquelles

la chaudière est suspendue dans la maçonnerie du fourneau.

C, D, tuyau bouché en D par un bondon ou tampon de bois garni de linge, que l'on ouvre pour laisser écouler la liqueur hors de la chaudière par derrière le mur auquel le fourneau et la chaudière sont adossés.

Fig. 6. — Bassiot et faux bassiot. Le bassiot est foncé ; le dessus est percé de deux trous, l'un pour recevoir la queue de l'entonnoir, et l'autre que l'on ferme avec un bouchon de liège pour laisser passer la jauge.

Fig. 7. — Serpentin vu séparément.

a, b, c, d, e, f, les trois montants qui en soutiennent les différents tours.

A, extrémité supérieure qui sort de quelques pouces hors du réfrigérant pour recevoir l'extrémité de la queue du chapeau.

B, extrémité inférieure du serpentin par laquelle la liqueur distillée sort pour tomber par un entonnoir dans le bassiot que l'on place au-dessous.

Fig. 8. — Jauge que l'on introduit dans le bassiot, pour connaître la quantité de liqueur qui y est contenue.

Fig. 9. — Prouve ou petite bouteille servant à éprouver l'eau-de-vie.

Fig. 10. — Porte ou trappe de fer pour fermer l'ouverture des fourneaux.

Franchissons maintenant une trentaine d'années et nous verrons, par la comparaison de l'appareil que nous allons décrire, avec le précédent, les progrès déjà réalisés ; il se trouve reproduit dans l'ouvrage très connu de Parmentier sur l'art de faire les eaux-de-vie [1].

La chaudière dont ont voit la coupe intérieure avec

1. Paris, 1819, planche I.

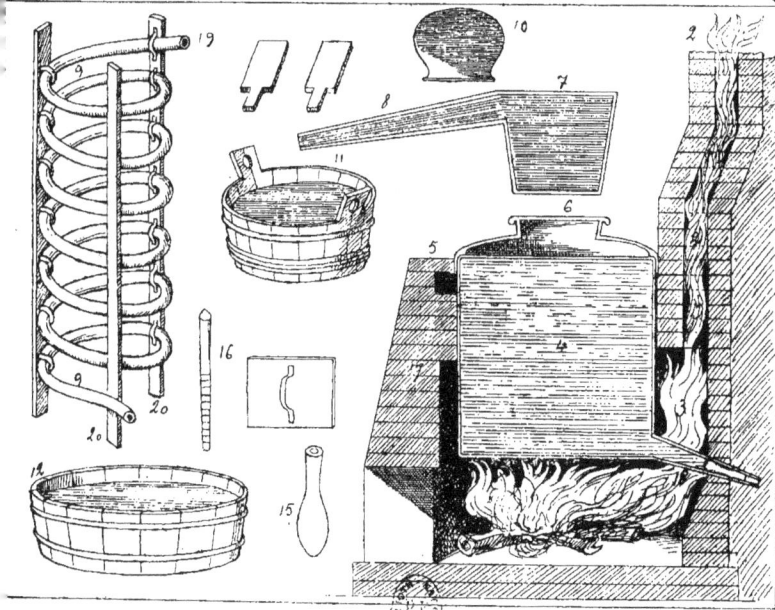

ATELIER DE LIQUORISTE EN 1819.

celle de son fourneau est un cône tronqué d'environ 21 pouces de hauteur perpendiculaire, dont le diamètre du cercle de la base a deux pieds six pouces de longueur. Son fond est une platine avec un rebord de trois pouces environ, cloué tout autour du cône avec des clous de cuivre rivés. Cette platine a environ une ligne d'épaisseur et est légèrement inclinée pour vider avec plus de facilité, du côté du *dégorgeur* ou *déchargeoir* (18) ce qui reste dans la chaudière après la distillation. Ce déchargeoir a un cylindre plus ou moins long selon l'épaisseur du mur qu'il doit traverser. Presque au haut de la chaudière sont placées trois ou quatre anses de cuivre (n° 5) clouées avec des clous de cuivre, rivées contre la cucurbite et leurs parties saillantes sont noyées dans la maçonnerie du fourneau. Ces anses supportent la cucurbite et c'est par ces seuls points que la partie inférieure de la cucurbite touche aux parois du fourneau, de sorte que la chaleur est censée circuler tout autour de cette partie au-dessus des anses, et jusqu'au haut de la chaudière, la maçonnerie l'emboîte exactement.

La partie supérieure de la cucurbite se rétrécit par un cou ou collet (n° 6) cloué et rivé comme on l'a dit, dont l'ouverture est réduite à un pied de diamètre : la partie supérieure du collet forme une espèce de talon renversé, et l'inférieure est inclinée parallèlement aux côtés du chapiteau, pour lui servir d'emboîture, sur deux pouces de hauteur. La hauteur totale du cou est à peu près de six à sept pouces et les feuilles de cuivre qui le forment sont communément plus épaisses que le reste de la cucurbite, c'est la partie qui fatigue le plus.

L'ouverture du chapiteau D (n° 7) est à peu près égale à celle du cou de la cucurbite, afin d'y être adaptée et lutée le plus exactement possible. On recouvre encore le point de leur réunion avec de la cendre et mieux avec des bandes de toile imbibées par des blancs d'œuf, dans lesquels on a

mêlé de la chaux en poudre et non éteinte. Le diamètre de
la partie supérieure du chapiteau est d'environ dix-sept
pouces, sa hauteur totale d'un pied, non compris le bom-
bement de la calotte qui est d'environ deux pouces. Dans
quelques pays, sa forme imite davantage celle d'une poire
renversée (19). Il est sans gouttière, intérieurement comme
extérieurement ; son bec ou sa queue (E n° 8) a vingt-six
pouces de longueur, trois pouces et demi à quatre pouces
de diamètre près du chapiteau, quatorze à quinze lignes
à une extrémité, c'est-à-dire dans l'endroit où ce bec se
réunit avec le serpentin (n° 9) renfermée dans le tonneau ou
pipe F. La pente de ce bec est d'environ huit pouces sur
toute sa longueur ; il est cloué à la tête du chapiteau, et il
est soudé avec lui par un mélange d'étain et de zinc.

Le serpentin (n° 9) est formé de cinq cercles inclinés
les uns sur les autres, suivant une pente uniforme distribuée
dans toute la hauteur qui est de 3 pieds 1/2. Le bec (E)
s'insinue exactement à la profondeur de 4 pouces dans
l'ouverture du serpentin. Cet instrument est construit de
feuilles de cuivre battu, soudées ensemble avec une soudure
forte. On observe de diminuer proportionnellement l'ouverture des tuyaux d'environ deux lignes à chaque révolution, de manière que l'ouverture inférieure soit à peu près
moitié plus petite que la supérieure.

La prolongation du serpentin, ou plutôt sa spirale, est
maintenue par trois montants assez minces (n° 20), en fer
battu, armés d'anneaux par où passent les révolutions du
serpentin ; ils les fixent et leur servent de supports dans
cette partie. L'extrémité inférieure du serpentin sort à la
base de la pipe (F) dans l'endroit marqué (H — n° 10) ; là
il rencontre un petit entonnoir dont la queue est plongée
dans un baquet (K — n° 11) qui sert de récipient.

La pipe sert à recevoir et contenir l'eau qui doit rafraîchir
le serpentin pendant la distillation.

LABORATOIRE DE LIQUORISTE VERS 1830.

L'appareil que nous venons de décrire était en usage pour la fabrication des eaux-de-vie de vin et aussi pour celles des liqueurs ; la cucurbite recevait les plantes à distiller. La rectification se pratiquait dans le même appareil ou dans un autre de même forme, mais plus petit. La fabrication des sirops se faisait dans des bassines ou chaudrons de forme simple que l'on plaçait souvent dans le même fourneau.

Pendant la première moitié du siècle, le mode de fabrication ne fut pas changé, mais la construction des appareils fut très sensiblement améliorée au point de vue de la commodité des appareils et de l'élégance de leur forme.

Les sciences faisaient à cette époque des progrès merveilleux et les savants avaient besoin, pour leurs recherches, d'appareils de laboratoire ; un homme d'une grande intelligence et d'une habileté hors ligne, M. Egrot, perfectionna les appareils qui existaient, de manière à les mettre à la hauteur des progrès que la science faisait réaliser à l'industrie.

Nous donnons ci-contre un spécimen d'un laboratoire de liquoriste installé par lui vers 1830.

L'alambic pouvait recevoir un bain-marie dans lequel on effectuait la rectification des alcools distillés une première fois à même la cucurbite. Les joints, au lieu d'être faits comme jadis par le lutage en terre, étaient assurés d'une façon plus parfaite par des cercles en métal parfaitement dressés et que l'on rendait tout à fait hermétiques par une bande d'étoffe enduite de farine. Le chapiteau avait un très gros volume et les vapeurs s'en dégageaient par un bras dont la pente ramenait les condensations vers l'alambic. Le réfrigérant était resté le même qu'auparavant.

Enfin, aux côtés de l'alambic, le fourneau se prolongeait et recevait la bassine destinée à la fabrication des sirops et dont la forme ne présentait rien de particulier.

C'est seulement vers le milieu du siècle qu'une véritable transformation s'opéra dans les laboratoires ; nous voulons parler de l'introduction du chauffage par la vapeur.

Nous en trouvons la première mention dans le *Traité des liqueurs* de Duplais aîné, publié à Versailles à la fin de l'année 1854. M. Egrot, qui avait exécuté les dessins compris dans cet ouvrage, avait représenté, dans une des planches que nous reproduisons ci-contre, l'ensemble d'un important laboratoire chauffé par la vapeur. Comme on le voit par l'examen de cette figure, l'emploi de la vapeur n'y était fait qu'avec timidité, car on y remarque encore la présence d'appareils à feu nu placés au milieu des appareils à vapeur.

La vapeur est fournie par un générateur rudimentaire, sorte de bouilleur cylindrique placé dans un fourneau indiqué par le n° 1 sur le dessin ; une canalisation BB conduit la vapeur dans le double fond des alambics (2 et 3) et des bassines 7 et 8, puis dans une armoire en chêne (12) à deux compartiments, garnie à l'intérieur de feuilles de cuivre ou de zinc et destinées à recevoir les conserves diverses lesquelles sont chauffées au moyen de la vapeur.

Après avoir été introduite dans les doubles-fonds, la vapeur s'en échappait librement par un orifice placé à la partie inférieure; l'intensité du chauffage ne pouvait se régler que par le robinet d'entrée de vapeur.

Les alambics 4 et 6 sont à feu nu ; le réfrigérant en cuivre (5) contient les serpentins des trois alambics à col de cygne.

Citons encore pour compléter l'explication de cette figure, la bassine à feu nu (9), les écumoires (10 et 11), les tables (A,A), les robinets (C,C,C) etc.

La distillation à la vapeur était préférable aux autres systèmes sous trois rapports : 1° économie de combustible ; 2° meilleure qualité des produits; 3° facilité de travail;

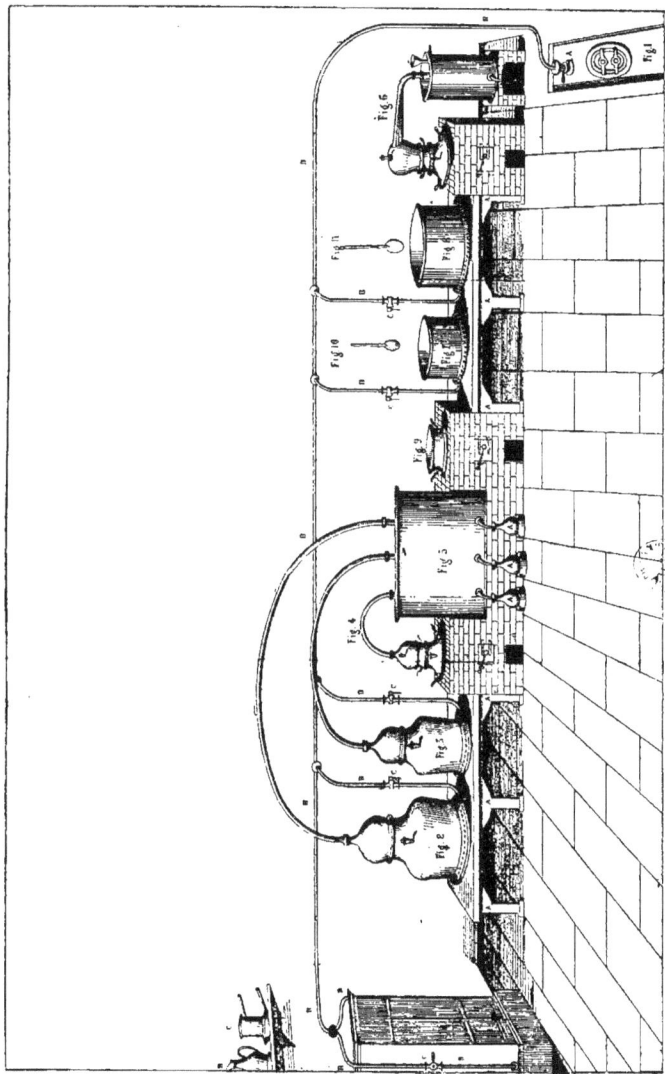

LABORATOIRE CHAUFFÉ PAR LA VAPEUR.

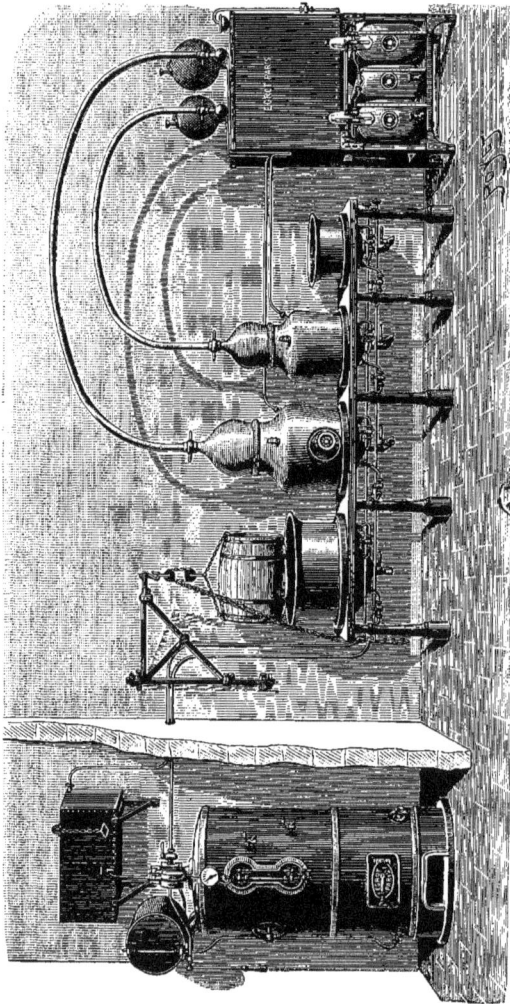

LABORATOIRE DE DISTILLATEUR (1890).

LABORATOIRE A VAPEUR, composé de deux alambics et de deux bassines avec récipients de distillation et d'un générateur à flamme renversée avec bouteille alimentaire et réservoir des retours.

cependant elle resta pendant assez longtemps sans être
appliquée sinon dans de grands établissements qui pouvaient seuls supporter les frais d'installation qui étaient
assez élevés.

Mais les progrès réalisés par les constructeurs d'appareils
ont rendu ces frais moins considérables et le nombre des
appareils à feu nu a toujours été en diminuant ; c'est ce qui
explique les progrès réalisés depuis une trentaine d'années
dans la fabrication des liqueurs.

Nous donnons ci-contre, à titre d'indication générale, la
vue d'ensemble d'un laboratoire de liquoriste de moyenne
importance installé par la maison Egrot, la même dont
nous avons parlé plus haut, à propos de l'alambic employé
au commencement du siècle.

La vapeur est employée maintenant à haute pression
pour le chauffage du double-fond des alambics et des bassines. Un tuyau collecteur apporte les eaux de condensation
dans le réservoir des retours d'où elles sont reprises encore
chaudes pour alimenter le générateur. Une table en tôle
solide et légère à la fois porte tout le matériel. L'emploi du
lut est complètement supprimé sur les alambics, les joints
sont faits par des verrous rapides et commodes qui com-
priment légèrement une petite rondelle de caoutchouc.

La repasse est évitée et le rendement de chaque distillation augmenté sensiblement par l'emploi de « rectifica-
teurs » qui font rétrograder constamment dans l'alambic les petites eaux trop faibles et insuffisamment épurées.
Enfin, à leur sortie du serpentin réfrigérant, les produits
de la distillation passent dans une éprouvette où l'alcoo-
mètre protégé par une cloche en verre permet de suivre
constamment la marche de la distillation. A la sortie de
cette éprouvette, des robinets permettent de diriger, soit
les bons goûts, soit les flegmes dans des récipients spéciaux
en cuivre étamé, placés sous le réfrigérant.

Le laboratoire d'une grande maison moderne comporte bien d'autres appareils que ceux indiqués par cette figure, ayant pour but principalement de diminuer la main-d'œuvre et le coulage. Les manipulations de liquide ne se font plus à la main, mais bien par le moyen des tuyauteries dans lesquelles les liqueurs ou les sirops sont refoulés au moyen de la pression de l'air comprimé par une pompe spéciale.

Les sirops qui se font dans la bassine surmontée d'un tonneau, dans lequel se trouve le glucose), que l'on voit à la gauche de la figure, sont également transportés, filtrés, refroidis automatiquement par des appareils permettant de travailler de très grandes quantités.

La disposition des appareils peut varier à volonté, la gravure ci-contre représente une autre disposition qui est aussi très employée.

Enfin, il existe des alambics spéciaux pour la fabrication de l'absinthe et pour l'obtention de l'eau distillée qui est souvent employée pour le coupage des liqueurs ou des eaux-de-vie.

CHAPITRE VIII

DE LA FERMENTATION

Si la distillation est aujourd'hui le principal moyen de fabriquer les liqueurs, il n'en a pas été toujours ainsi; on employait autrefois la fermentation qui mérite de nous retenir pendant quelques instants, car elle permettait seule d'obtenir de véritables liqueurs.

Elle a été mise à profit, dès les premiers temps de l'humanité, pour produire des boissons autres que l'eau et le lait, nous avons déjà parlé de quelques-unes d'entre elles, du soma, du vin, de la bière; nous n'avons pas à revenir sur ce que nous en avons dit; mais ce ne sont pas les seules, à beaucoup près, que l'on puisse citer.

Les Chinois, de tout temps, on fait fermenter le riz, les Tartares le lait de leurs juments, les peuplades de l'intérieur de l'Afrique un mélange de blé, de miel, de poivre et de tiges de plantes, les indigènes de l'Amérique et des Indes la sève de plusieurs végétaux sucrés, notamment des palmiers, tels que le cocotier et d'autres.

Lorsque les Araucaniens n'avaient encore aucun rapport commercial avec leurs voisins, le maïs leur fournissait une boisson fermentée, nommée *Chica* ou *chicha de maïs*. C'est encore ce qui a lieu aujourd'hui, surtout dans les parties éloignées des frontières. Après la récolte de ce grain, les femmes d'une tribu, d'une famille se réunissent et, assemblées en cercle, chacune prend une pincée de grains, les mâche pendant un certain temps, puis crache le tout dans un vase de terre. Quand il y en a une quantité suffisante, on l'abandonne à la fermentation spontanée ; il en résulte une liqueur forte avec laquelle les hommes s'enivrent. Ce procédé était employé, nous disent plusieurs voyageurs, dans l'île de Formose et l'est encore dans l'intérieur de cette île restée singulièrement barbare.

Il est extrêmement curieux de retrouver chez les naturels de la Polynésie, l'habitude de s'enivrer avec une boisson qui, par son mode singulier de préparation, rappelle presque entièrement le Chica des Araucaniens. Cette boisson est le Kawa qui a pour ingrédient la racine d'un poivrier, l'*Ava* ou *Piper methystieum*. Là encore, les femmes réunies en cercle mâchent cette racine pour l'imbiber de salive et laissent ensuite fermenter cette espèce de pulpe dans de grandes calebasses.

Voici donc un mode de fabrication qui se retrouve en Asie, en Amérique, en Océanie, chez des peuples fort peu civilisés ; ce fait prouve combien l'homme est ingénieux par le besoin de satisfaire ses goûts et ses désirs, nous trouverions encore une preuve dans la variété des boissons fermentées en usage chez les diverses nations du globe.

Nous en reproduisons le tableau d'après le savant professeur Girardin [1].

---

1. *Leçons de chimie élémentaire.*

NOMS DES BOISSONS	MATIÈRES QUI LES FOURNISSENT	PAYS OU ON LES FABRIQUE
VIN	Raisins écrasés.	Europe, Asie, Amérique.
USUPH.	Raisins fermentés avec de l'eau.	Tartarie.
CHICHA	Raisins écrasés.	Chili.
TEDJ	Raisins sauvages et miel, avec substance amère.	Abyssinie.
VIN DE CERISES	Suc de cerises.	Espagne, Provence.
CHERRY-RHUM	Suc de cerises sauvages, additionné de rhum.	Pensylvanie.
VIN DE GROSEILLES ROUGES	Suc de groseilles rouges.	Angleterre.
VIN DE GROSEILLES A MAQUEREAU.	Suc de groseilles à maquereau.	Angleterre.
VIN DE SUREAU	Suc de baies de sureau.	Angleterre.
VIN DE MURES	Suc de baies de mûres.	Turkestan.
VIN DE PÊCHES. . . .	Suc de pêches.	Turkestan.
VIN D'ORANGES. . . .	Suc d'oranges.	Angleterre.
VIN DE FRUITS. . . .	Fruits sucrés de toutes sortes.	Cantons montagneux de la Suisse.
VIN DE PALME	Dattes fermentées avec de l'eau.	Anatolie.
TODI	Noix de coco.	Hindoustan.
TOC.	Jus fermenté de la banane et de la canne à sucre.	Madagascar.
MAZZATO.	Fruits de l'yucca ou du bananier.	Indiens Combos. (Bas Pérou.)
COUMOU	Fruits de palmier avec sucre et cannelle.	Indiens libres de la Guyane française.
CIDRE	Jus de pomme.	Europe, Amérique.
KOOI	Jus de pomme.	Brésil.
POIRÉ	Jus de poire.	Europe, Amérique.
CORMÉ.	Cormes et sorbes fermentées avec de l'eau.	Bretagne, Provence, Allemagne.

NOMS DES BOISSONS	MATIÈRES QUI LES FOURNISSENT	PAYS OU ON LES FABRIQUE
Théca.	Suc des fruits du Cornus chilensis de Molina.	Chili.
Bière	Orge germée avec addition de houblon.	Europe, Amérique.
Gouchétalla	Orge germée avec addition de houblon.	Abyssinie.
Spruce	Orge germée avec sommités de sapin.	Nouvelle-Angleterre.
Kivas ou Kislychtchy.	Seigle germé et herbes aromatiques.	Russie.
Pombie	Graines de millet.	Afrique.
Seksoun.	Millet broyé et fermenté avec de l'eau.	Turkestan.
Buza	Millet et miel.	Russie.
Pitto.	Bière faite avec le riz et le millet.	Yarriba, Dahomey et autres royaumes de l'Afrique centrale.
Maize.	Orge et miel avec racine amère nommée *Taddo*.	Nubie, Abyssinie.
Bouza.	Blé de Guinée, miel, poivre et tige d'une plante inconnue.	Nubie et autres contrées africaines.
Kao-lyang.	Graines de sorgho.	Chine.
Chong.	Riz, froment, orge et cacalie.	Thibet.
Manduring	Riz bouilli.	Chine.
Soul	Bière de riz.	Corée.
Sacki ou sakki.	Riz bouilli.	Japon.'
Saké	Bière de riz forte.	Japon.
Fan-sou, ou Samtchou.	Riz bouilli et fermenté avec de la levure.	Chine.
Brum	Riz.	Sumatra.
Tuwak	Riz.	Bornéo.
Guaruzo.	Riz cuit.	Cordillières.
Chica de mais	Maïs mâché.	Araucanie.

NOMS DES BOISSONS	MATIÈRES QUI LES FOURNISSENT	PAYS OU ON LES FABRIQUE
CHICHA	Maïs écrasé.	Cordillières du Pérou et de Cundinamarca.
CHICHA DE ALOYA. . .	Maïs et pois.	Chili.
CHICHA DE MENÇANA .	Maïs avec pommes broyées.	Chili.
MASSATO.	Maïs cuit et fermenté avec addition de sucre.	Cordillières.
CHICHA D'ARRACACHA.	Pulpe de la racine d'arracacha comestible.	Colombie, côtes de Venezuela, Cordillières de la Nouvelle Grenade.
BULBUL . . . . GŒURRES . . . . . . BAGANICH	Graines de dokhn (espèce de millet) germées, bouillies pendant une nuit et mises à fermenter. — La première de ces liqueurs contient beaucoup d'alcool; les deux autres n'ont subi qu'un commencement de fermentation.	Kordofan (Nubie supérieure).
MERISSA, MERIÇA OU BOUZA, OUBILBIL . .	Espèce de bière trouble, plus ou moins épaisse, confectionnée avec le doura (maïs ou sorgho) ou le dokhn (espèce de millet).	Afrique centrale, Soudan, pays des Mâdi, Haute-Nubie.
VIN DE BOULEAU . . .	Sève de bouleau.	Norvège, Pologne.
VIN DE SYCOMORE. . .	Sève de sycomore.	Angleterre.
VIN DE PALME	Sève de dattier et d'autres palmiers.	Tropiques, Afrique centrale.
TUMBOO	Vin de palme.	Nouveau-Calabar (Sénégambie).
LAGHI	Sève du dattier.	Régence de Tripoli.
OCTLI, PULQUE OU VIN DE MAGUEY	Sève (aguamiel) de l'Agave americana.	Mexique, Pérou.
SIN DAY	Sève de palmiers.	Hindoustan.
TARY OU ZARY, ARACK DES PARIAS.	Sève de palmiers et d'autres arbres.	Hindoustan.

NOMS DES BOISSONS	MATIÈRES QUI LES FOURNISSENT	PAYS OÙ ON LES FABRIQUE
TODDY OU TODDI . . .	Sève de palmiers et d'autres arbres.	Golande (Indes Orientales).
CHA.	Sève de palmiers et d'autres arbres.	Chine.
MILLAFO.	Sève de palmiers et d'autres arbres.	Congo.
VIN DE GOMONTI . . .	Sève de l'areng ou gomonti (arenga sacharifera).	Archipel Indien.
VIN DE COCO.	Sève de cocotier.	Philippines.
CALOU.	Sève de cocotier.	Côte de Coromandel.
SAGOUAR. , ...	Sève du sagouier fermentée avec herbes amères.	Moluques.
BOURDON	Sève du Sagus vinifera de Persoon.	Guinée.
VIN DE BANANES . . .	Sève du bananier.	Cayenne, Antilles, Afrique centrale.
TODDI	Sève du cacaoyer.	Amérique méridionale.
GUARAPO DULCE . . .	Suc de la canne à sucre.	Amérique méridionale.
GUARAPO FORTE . . .	Suc de la canne à sucre très alcoolisé.	Antilles.
GUARAPO	Racine du manioc.	Régions chaudes de l'Amérique du Sud.
CACHAÇA.	Racine du manioc.	Brésil.
OUKI	Racine du manioc.	Pays d'Oukermband (région maritime de l'Afrique australe).
BETRA-BETRA	Suc de canne fermenté avec plantes amères.	Madagascar.
GRAPPE	Suc de canne écumé et jus de citron.	Nègres des Antilles.
OUICON	Canne à sucre, cassave, patates et bananes.	
PAYAOUARON.	Canne à sucre, cassave, patates et bananes.	Indiens de l'Oyapock (Guyane française) ; archipel des Antilles.
PAYA	Canne à sucre, cassave, patates et bananes.	

NOMS DES BOISSONS	MATIÈRES QUI LES FOURNISSENT	PAYS OU ON LES FABRIQUE
Pivori	Pain de cassave mâché et fermenté avec de l'eau.	Indiens libres de la Guyane française.
Bonsa	Mie de pain fermentée avec de l'eau.	Nubie, Abyssinie.
Bonsa	Racine du souchet comestible (cyperus esculentus).	Jakoba et autres pays de l'Afrique centrale.
Chiacoar	Pain de maïs fermenté avec de l'eau.	Indiens libres de la Guyane française.
Maby	Patates, sirop de sucre et oranges aigres.	Archipel des Antilles.
Cachiry	Manioc râpé et patates douces.	Indiens de l'Oyapock.
Mobby et jetici	Pommes de terre fermentées.	Virginie.
Kawa ou cava	Racines du *Piper methystilicum* mâchées.	Iles de la Polynésie.
Tü	Fruits et racine sucrée du *Dracœna terminalis*.	Iles de la Société.
Y-wer-a	Racine de terroot cuite et pilée.	Iles Sandwich.
Bang	Feuilles, jeunes tiges et fleurs de chanvre pilées et fermentées avec de l'eau.	Hindoustan.
Chica	Gousses d'algaroba et tiges amères du *Schinus molle* mâchées et fermentées avec de l'eau.	Sauvages de l'Amérique méridionale.
Hydromel	Miel fermenté avec de l'eau.	Russie, Pologne et tout le nord de l'Europe.
Leppitz-malinietzk	Miel fermenté avec de l'eau.	Wilna et autres provinces russes.
Mjöd	Sorte d'hydromel extrêmement doux et très estimé.	Péninsule scandinave.
Micée	Hydromel obtenu par le lavage des rayons après l'écoulement du miel, avec addition d'eau-de-vie.	Ardennes.
Sebeukh	Mil pilé et mil fermenté avec de l'eau.	Sérènes-Nones (côtes occidentales d'Afrique).

NOMS DES BOISSONS	MATIÈRES QUI LES FOURNISSENT	PAYS OU ON LES CULTIVE
Koumys	Lait de jument.	Tartarie, Russie asiatique.
Airen	Lait de vache.	Tartarie, Russie asiatique.
Kanyangtsyen	Chair d'agneau fermentée avec riz et autres végétaux.	Tartarie, Russie asiatique.

Parmi toutes les boissons que nous venons d'énumérer, les unes sont de consommation courante, les autres sont de véritables liqueurs, mais laissant toutes à désirer sous le rapport du goût ou de la finesse, on en extrait des liquides plus forts qui servent à la fabrication des liqueurs. Il nous semble utile de donner, d'après l'auteur que nous venons de citer, le tableau de ces produits [1].

NOMS DES ESPRITS	LIQUEURS FERMENTÉES QUI LES FOURNISSENT	PAYS OU ON LES FABRIQUE
Esprit de vin faible ou eau-de-vie. . .	Vin.	France, Europe méridionale.
Esprit ou eau-de-vie de fécule ou de pommes de terre .	Fécule ou pulpe de pommes de terre ou glucose.	France, Europe septentrionale.
Esprit ou eau-de-vie de betteraves. . .	Jus ou pulpe ou mélasse de betteraves.	France, Europe septentrionale.
Esprit ou eau-de-vie de riz.	Riz saccharifié.	France, Chine.
Esprit ou eau-de-vie de grains	Bière ou graines céréales.	France, Europe septentrionale.
Genièvre ou Gin. . .	Bière ou graines céréales avec baies de genièvre.	France, Europe septentrionale.

(1) Quelques-uns des esprits énumérés ci-dessous sont obtenus par une nouvelle fermentation.

NOMS DES ESPRITS	LIQUEURS FERMENTÉES QUI LES FOURNISSENT	PAYS OU ON LES FABRIQUE
SQUIDAM	Eau-de-vie de grains.	Hollande.
GOLDWASSER	Bière ou graines céréales avec autres aromates.	Dantzig.
WHISKY	Orge, seigle, pommes de terre, prunelles sauvages.	Ecosse, Irlande.
KIRSCHENWASSER OU KIRSCH.	Cerises sauvages ou merises écrasées et fermentées avec leurs noyaux.	Suisse, Allemagne, Vosges, Meurthe, etc.
MARASCHINO	Cerises sauvages ou merises écrasées et fermentées avec leurs noyaux.	Zara (Dalmatie).
ZWETSCHKENWASSER .	Variété de prunes, nommée Quetsch (Couetche).	Allemagne, Hongrie, Pologne, Suisse, Alsace, Vosges.
BAKI.	Prunes de toutes espèces.	Hongrie.
HOLERCA	Eau-de-vie de fruits et d'orge.	Transylvanie.
SEKYS-KAYAVODKA. . .	Lie de vin avec fruits.	Scio.
SLWOVITZA.	Prunes mûres.	Autriche, Bosnie.
RAKIA	Marc de raisin et aromates.	Dalmatie.'
TROSTER.	Marc de raisin et graminées.	Bords du Rhin.
ARAKA, ARZA, ARKI ET ARIKI	Lait de jument.	Tartarie, Kalmouks.
BLEMD.	Petit-lait.	Iles Orcades et Shetlands.
TAFIA	Moût de la canne à sucre.	Antilles.
RACK OU ARACK. . . .	Moût de la canne à sucre avec écorces aromatiques.	Hindoustan.
RHUM OU RUM	Mélasse et écume de sirop de canne.	Antilles.
BESSABESSE	Rhum de basse qualité fabriqué avec d'impures mélasses.	Madagascar
RUM.	Sève fermentée de l'érable à sucre.	Amérique du Nord.

NOMS DES ESPRITS	LIQUEURS FERMENTÉES QUI LES FOURNISSENT	PAYS OU ON LES FABRIQUE
AGUA-ARDIENTE. . . .	Sève fermentée de l'agavé américain ou pulpe forte.	Mexique.
MEZCAL OU MEXICAL .	Sève fermentée de l'agavé américain ou pulpe forte.	Mexique et Nouveau-Mexique.
CACHAÇA.	Mélasse de canne.	Brésil.
CHICHA	Jus de canne.	Côte de la Nouvelle-Grenade.
RACK	Sève de cacaoyer.	Amérique du Nord.
ARAKI ET RACK	Sève de palmier.	Egypte.
ARRACK	Sève fermentée avec écorce d'acacia.	Inde.
ARRACK-MEWAH . . .	Sève fermentée avec addition de fleurs.	Inde.
ARRACK-TRIBAH. . . .	Sève fermentée avec addition de fleurs.	Philippines.
ARACK.	Eau-de-vie d'orge et de millet.	Turkestan.
	Eau-de-vie d'orge et de fruits (mûres, pêches etc.).	Turkestan.
	Eau-de-vie de raisins secs.	Perse.
	Eau-de-vie de dattes.	Schiraz (Perse).
	Mélasse fermentée avec riz et vin de palmier areng.	Batavia et tout l'archipel malaisien.
MAHUARI.	Bananes, autres fruits et petite graine inconnue.	Mozambique.
STAT-KAJATRAVA. . . .	Herbe sucrée inconnue.	Kamchatska.
WATKY	Eau-de-vie de riz.	Kamchatska.
LAN, SAMSHU OU CHAM-CHOU, KNEIP	Eau-de-vie de riz.	Siam, Chine, Japon.
VIN DE CHAO-HING . .	Eau-de-vie de riz.	Chine.
SAKI OU SAKKI	Eau-de-vie de riz tiède.	Japon.
RUENOU	Eau-de-vie de riz, âpre et corrosive.	Cochinchine.
KAO-LIANG.	Eau-de-vie de sorgho.	Chine.
SHOW-CHOO	Riz bouilli ou lie du mandarin.	Chine.
TÉPACHE.	Eau-de-vie de maïs ou de raisin.	Passo del Norte, État de Chihuahua (Mexique).

CHAPITRE IX

LES LIQUEURS DANS LES TEMPS MODERNES

Maintenant que nous avons exposé les procédés de la distillation qui ont fait faire à la fabrication des liqueurs de si merveilleux progrès, il nous faut remonter un peu en arrière pour voir comment le goût de ces boissons s'est peu à peu développé en France.

Pendant très longtemps, on ne servit après les repas que des liqueurs tirées du vin comme savaient en faire les anciens ; du temps de Charlemagne, on se régalait surtout de vin cuit que l'on obtenait en faisant réduire au tiers, ou aux deux tiers, du moût sur le feu ; s'il était réduit au tiers, on l'appelait carène ; réduit aux deux tiers, il prenait le nom de sabe.

Le vin cuit obtenu avec du moût de raisins blancs ou muscat auquel on ajoutait du miel s'appelait de la malvoisie.

Les vins herbés étaient des infusions de plantes aromatiques dans du vin : myrte, sauge, aloès, anis, romarin, absinthe auxquelles on mêlait du miel, ils ressemblaient beaucoup aux vins artificiels des Romains dont nous avons parlé plus haut.

Si l'on y joignait des épices et des aromates d'Asie, nous dit M. Franklin, le vin herbé devenait piment[1] ou nectar et alors il n'y avait pas de vertu qui pût y tenir. Quand les poètes du xiiiᵉ siècle parlent de cette « confection souëf[2], odorant, fait de vin, de miel et autres espèces » l'enthousiasme les saisit et ils se plaignent de ne pas trouver d'expressions pour célébrer cette merveille de l'industrie humaine; on y trouvait réunis, disent-ils, le fumet du vin, la saveur du miel et le parfum des aromates éclos sous les rayons du soleil d'Orient.

Voici quelle était la recette du pigment proprement dit :

Vin............	2 pintes.
Cannelle..............	1/2 once.
Gingembre...........	2 drachmes.
Girofle	1 drachme.
Poivre...............	1 drachme.
Miel.................	1 livre .

Mais il y avait des variétés de pigment dont les plus célèbres étaient le clairet (la clairette) et l'hypocras. Voici l'une des recettes du clairet :

Bon vin blanc	4 litres.
Espices.............	7 drachmes.
Miel	13 onces.

Voici maintenant de quoi se composait la clairette de Paris :

Vin blanc...........	2 litres.
Miel cru écumé	1 livre 1/2 .

1 Ou pigment.
2 Douce.

Cannelle...............	5 onces.
Poivre.................	1 drachme.
Gingembre.............	1 drachme.
Graine de paradis.....	1 drachme.

Il avait encore bien d'autres recettes dans lesquelles on employait, en outre des ingrédients ci-dessus, de la muscade, du macis, du cubèbe, de la cardamoine, du bois d'aloès, du safran, du musc, du galanga, du schœnanthos etc.

Quant à l'hypocras, voici quelle en était la formule :

Vin blanc ou clairet...	1 pinte.
Sucre blanc.............	1/2 livre.
Cannelle fine..........	1/2 once.
Gingembre.............	1 drachme.

Mais, comme pour la clairette, il y avait bien d'autres recettes dans lesquelles on employait, suivant le goût particulier du consommateur, de la méligette, de la muscade, du galanga, du poivre long, de la graine de Paradis, du *Spica Nardy,* du bois de douce cannelle, de la cardamoine, du carpesium, du musc.

Voici même une recette plus moderne dans laquelle le vin est remplacé par l'eau-de-vie :

Eau-de-vie de la meilleure..	1/2 livre.
Cannelle...................	1 once au moins.
Muscade...................	1/2 drachme.
Girofle....................	1 drachme au plus.
Gingembre.................	1 drachme.
Poivre long...............	1 drachme 1/2.
Poivre rond...............	1 drachme 1/2.

L'usage de l'hypocras se prolongea très longtemps et c'était une des boissons favorites de Louis XIV ; la ville de

Paris lui en faisait don, chaque année, d'un certain nombre de bouteilles.

Du reste, beaucoup de personnes remplaçaient les liqueurs par quelque poudre digestive de sauge, ou de gingembre, ou de cardamoine, ou de coriandre ; la potion de fenouil était aussi fort en honneur ; enfin l'eau-de-vie, longtemps considérée comme un médicament, finit par faire son apparition à la fin des repas ; comme elle semblait un peu forte à nombre de gens, qui cependant tenaient à en boire pour faciliter leur digestion et augmenter leur vigueur, on prit l'habitude de prendre, après l'eau-de-vie, des dragées d'anis.

De là vint tout naturellement l'idée de mêler l'anis à l'eau-de-vie, de l'y incorporer, et ce fut ainsi que l'on obtint et que l'on consomma la première liqueur proprement dite.

Ce fut seulement à la fin du XVIᵉ siècle que l'usage des liqueurs se généralisa en France. Les Italiens étaient alors plus avancés que nous dans l'art culinaire et révélèrent aux Français un certain nombre de breuvages dans la composition desquels l'eau-de-vie n'entrait qu'à petite dose et qui furent introduits chez nous par Catherine et par Marie de Médicis.

Cependant les Italiens restaient nos maîtres et quand Audigier voulut se perfectionner dans l'art des confitures et des liqueurs, il s'adressa à un Italien nommé More que le cardinal Mazarin avait fait venir pour son service particulier, puis à un compatriote de More, André Salvator, qui était au service du maréchal de Grammont ; non content de leurs enseignements, il se rendit à Rome où il séjourna pendant quatorze mois. Lorsqu'il en revint, il était passé maître dans sa profession et c'est d'après lui que nous pouvons donner avec exactitude la liste des eaux, esprits, essences et liqueurs qui étaient en usage vers la fin du XVIIIᵉ siècle : nous ne faisons que les citer pour la plupart, ne donnant de recettes que pour celles qui étaient fort à la mode et dont il n'est plus question aujourd'hui.

> Eau et esprit d'anis.
> Eau et esprit de cannelle.
> Esprit de genièvre.
> Esprit de gérofle.
> Esprit de coriandre.
> Essence de musc et d'ambre.
> Eau d'angélique.
> Hippocras blanc ou rouge.
> Hippocras d'eau.
> Eau de fleur d'orange.
> Limonade.
> Orangeat [1].
> Eau de fraises.
> Eau de groseilles.
> Eau de framboises.
> Eau de cerises.
> Eau d'abricots, de pêches ou de poires musquées.
> Eau de grenades.
> Eau de verjus.
> Orzat [2].
> Eau de pistaches, de pignons, de noisettes.
> Eau de coriandre.
> Eau de fenouil vert, de pimprenelle, de cerfeuil.

Parmi les liqueurs les plus goûtées alors se trouvaient le rossoly ou rossolis, le populo, l'eau de Cette.

Voici quelle était la recette du rossoly d'après Audigier :

Il faut en premier lieu faire bouillir de l'eau pour

---

1. Orangeade.
2 Orgeat.

en ôter la corruption et la laisserez refroidir jusqu'à ce qu'elle ne soit presque plus que tiède. Vous prendrez ensuite toutes sortes de fleurs odoriférantes, chacune en particulier, suivant la saison, les éplucherez bien, en sorte qu'il n'y ait que la feuille, et les mettrez infuser aussi chacune en particulier dans de l'eau comme ci-dessus, jusques à ce qu'elle soit refroidie, afin qu'elle en puisse tirer l'odeur. Vous en ôterez après les fleurs avec une écumoire et les mettrez égoutter. Ensuite vous mettrez l'eau de chaque fleur dans une cruche. Sur trois pintes d'icelle vous mettrez une pinte ou trois chopines d'esprit ce qui fera quatre pintes et chopine mesure de Paris sur lesquelles vous mettrez trois chopines de sucre clarifié. Vous y mettrez ensuite la moitié d'un demi-setier ou environ d'essence d'anis distillé et autant d'essence de cannelle.

S'il est trop sucré et qu'il se trouve pâteux, vous y ajouterez demi-setier ou chopine d'esprit de vin; plus ou moins suivant qu'il vous plaira mieux ainsi que de sucre si vous le trouvez trop fort et pour empêcher que votre essence d'anis ne blanchisse votre rossoly, mêlez-la avec de l'esprit de vin avant que de la mettre dans l'eau.

Si d'aventure il n'avait pas assez d'odeur, vous y ajouterez une ou deux cuillerées d'essence de fleurs si vous en avez, pour lui donner le goût que vous voulez qu'il ait, avec une pinte ou deux de musc et d'ambre préparé avec du sucre en poudre. Si vous n'aviez point de fleurs, le musc et l'ambre préparés en essence ou en poudre pourraient suffire.

Tout cela fait, vous le passerez à la chausse pour le décrasser et le mettrez dans des bouteilles que vous boucherez bien; il se gardera ainsi plus de dix ans sans corruption.

Fagon fabriquait lui-même le rossoly destiné à Louis XIV, et d'une manière moins compliquée; il prenait, en parties égales, des semences pilées d'anis, de fenouil, d'aneth, de coriandre et de carvi et faisait macérer le tout pendant trois semaines dans un vaisseau de verre bien bouché. Il y ajoutait de l'eau-de-vie, de l'eau de camomille et du sucre, puis passait le tout au papier gris.

Enfin voici une troisième recette qui se rapproche un peu plus de celle d'Audigier, bien qu'elle en diffère encore sensiblement :

Pour faire sept pintes de rossoly, prenez :
Fleurs de rose musquée . . . 4 onces.
*   —   d'oranger. 4   —*
*   —   de lys. 4   —*
*   —   de jasmin. 4   —*
Cannelle . . . . 1/2 —
Clou de girofle. . . . . . . 1/2 gros.
Eau. . . . . 4 pintes et chopine.
Soumettez à un feu vif de façon à réduire à trois pintes et un demi-setier ; ajoutez trois livres de sucre et quatre pintes d'eau-de-vie, vous teignez en cramoisi et vous passez à la chausse.

Le populo était une espèce de rossoly, mais plus léger et plus délicat. Pour le faire, on prenait trois pintes d'eau, on les faisait bouillir et lorsqu'elles étaient refroidies, on y mettait une pinte d'esprit de vin, une pinte de sucre clarifié, un demi-verre d'essence d'anis distillée, autant d'essence de cannelle, « et si peu que rien de musc et d'ambre en poudre, pour qu'il ne s'y connaisse presque pas ». Quelques-uns ajoutaient des clous de girofle, du poivre long et du coriandre.

L'eau de Cette se faisait bien facilement ; il suffisait de mêler la moitié d'un demi-setier d'essence d'anis distillée avec trois chopines d'esprit de vin et de jeter le tout dans trois pintes d'eau bouillie et préalablement refroidie ; on ajoutait une pinte de sucre clarifié, plus ou moins, suivant les goûts.

Au xviiiᵉ siècle, l'art de fabriquer les liqueurs avait fait de grands progrès ; pour s'en convaincre, on n'a qu'à lire l'article *Liqueurs* dans l'Encyclopédie ; il suffirait de quelques changements pour qu'il puisse paraître avoir été écrit à notre époque. Que nos lecteurs en jugent par eux-mêmes.

Les liqueurs sont composées d'un esprit ardent, d'eau de sucre et d'un parfum ou substance aromatique qui doit flatter en même temps l'odorat et le goût.

Le parfum se prend dans presque toutes les matières végétales odorantes : les écorces des fruits éminemment chargés d'huiles essentielles tels que ceux de la famille des orangers, citrons, bergamotes, cédrats, etc. ; la plus grande partie des épiceries, girofle, cannelle, macis, vanille, les racines et semences aromatiques d'anis, de fenouil, d'angé-lique, les fleurs aromatiques d'orange, les sucs de plusieurs fruits bien parfumés, abricots, framboises, cerises.

Les liqueurs les plus délicates, les plus parfaites et en même temps les plus élégantes se préparent par la voie de la distillation et le vrai point de perfection de cette opéra-tion consiste à charger l'esprit de vin, autant qu'il est possible sans nuire à l'agrément, de partie aromatique proprement dite sans qu'il se charge en même temps d'huile essentielle, car cette huile donne toujours de l'âcreté à la liqueur et trouble sa transparence, au lieu qu'une liqueur qui est préparée avec un esprit aromatique qui n'est point du tout huileux et du beau sucre est transparente et sans couleur comme l'eau la plus claire ; telle est la bonne eau de cannelle d'Angleterre ou des îles.

Les esprits ardents distillés sur les matières très huileuses comme le zest de cédrat ou de citron sont presque toujours huileux, du moins est-il très difficile de les obtenir absolu-ment exempts d'huile. L'eau qu'on est obligé de leur mêler dans la préparation de la liqueur les blanchit donc et d'autant plus qu'on emploie une plus grande quantité d'eau, car les

*esprits huileux supportent sans blanchir le mélange d'une
certaine quantité d'eau, presque quantités égales, lorsqu'ils
ne sont que peu chargés d'huile.*

*C'est pour ces raisons que la liqueur connue sous le nom
de cédrat est ou louche ou très forte, car ce n'est pas toujours
par bizarrerie ou par fantaisie que telle liqueur se fait plus
forte qu'une autre, tandis qu'il semble que toutes pourraient
varier de force par le changement arbitraire de la proportion d'eau, souvent ces variations ne sont point au pouvoir
des artistes ordinaires qui sont obligés de réparer par ce
vice de proportion un vice de préparation. Une autre
ressource contre ce même vice, l'huileux des esprits ardents
aromatiques, c'est la coloration. L'usage de colorer les
liqueurs n'a d'autre origine que d'en masquer l'état troublé,
louche, en sorte que cette partie de l'art qu'on a tant travaillé
à perfectionner, qui a tant plu, ne procure au fond qu'une
espèce de fard qui a eu même fortune que celui dont s'en-
duisent nos femmes, c'est-à-dire, s'il est permis de comparer
les petites choses aux grandes, qu'employé originairement
à masquer des défauts, il a enfin déguisé le chef-d'œuvre de
l'art dans les liqueurs, la transparence sans couleur, comme
il dérobe à nos yeux sur le visage des femmes, le plus
précieux don de la nature, la fraîcheur et le coloris de la
jeunesse et de la santé.*

*Quant à l'infusion ou teinture, on obtient nécessairement
par cette voie, outre le parfum, les substances solubles par
l'esprit de vin qui se trouvent dans la matière infusée et
qui donnent toujours de la couleur et quelque âcreté ou du.
moins de l'amertume; l'esprit de vin ne touche que très peu
à l'huile essentielle des substances entières auxquelles on
l'applique, lors même qu'elles sont très huileuses, par
exemple aux fleurs d'orange, mais si c'est à des substances
dont une partie des cellules qui contiennent cette huile
ayant été brisées — du zest de citron, par exemple, — un
esprit de vin digéré sur une pareille matière, peut à peine être
employé à préparer une liqueur supportable. Aussi cette
voie de l'infusion est-elle peu usitée et très imparfaite. Le*

*ratafia à la fleur d'orange est ainsi préparé dans la vue médi-
cinale de faire passer dans la liqueur le principe d'amertume
de ces fleurs qu'on regarde comme un très bon stomachique.*

*On peut aussi extraire le parfum des substances sèches
par le moyen de l'eau et employer encore ici la distillation
ou l'infusion. Les eaux distillées rempliraient la première
vue, mais elles ne contiennent pas communément un parfum
assez fort, assez concentré, assez pénétrant pour percer à
travers l'esprit de vin et le sucre. Il n'y a guère que l'eau
de fleur d'orange et l'eau de cannelle appelée orgée qui
puissent y être employées.*

*On prépare à Paris sous le nom d'eau divine une liqueur
fort connue et fort agréable dont le parfum unique, ou au
moins dominant, est de l'eau de fleur d'orange. On a aussi
un exemple de parfum extrait par une infusion à l'eau,
dans une forte infusion de fleurs d'œillet rouge qu'on peut
employer à préparer un ratafia d'œillet.*

*On peut encore employer l'eau-de-vie à extraire les
parfums par une voie d'infusion. On a par ce moyen, des
teintures moins huileuses ; mais, comme nous l'avons observé
plus haut, avec de l'eau-de-vie, on n'a jamais que des
liqueurs communes, grossières.*

*Enfin on fait infuser quelquefois la matière du parfum
dans une liqueur d'ailleurs entièrement faite, c'est-à-dire
dans le mélange, à proportions convenables, d'esprit de
vin, d'eau et de sucre. On prépare, par exemple, un très
bon ratafia (d'œillet), ou plus proprement de gérofle, en
faisant infuser quelques clous de gérofle dans un pareil
mélange. On fait infuser des noyaux de cerises dans le
ratafia de cerise, d'ailleurs tout fait.*

*Une troisième manière d'introduire le parfum dans les
liqueurs, c'est de l'y porter avec le sucre, soit sous forme
d'oleosaccharum, soit sous forme de sirop.*

*Les liqueurs parfumées par le premier moyen sont
toujours louches ou âcres ; elles ont éminemment les défauts
que nous avons attribués plus haut à celles qui sont préparées
avec des esprits ardents aromatiques huileux.*

Le sirop parfumé employé à la préparation des liqueurs est un bon ingrédient ; on prépare une liqueur très simple et très bonne en mêlant du sirop de coing à des proportions convenables d'esprit de vin et d'eau.

Le simple mélange de sucs doux et parfumés de plusieurs fruits comme abricots, pêches, framboises, cerises, muscats, coings etc., aux autres principes des liqueurs fournit enfin la dernière et plus simple voie de porter le parfum dans ces compositions sur quoi il faut observer que, comme ces sucs sont très aqueux et plus ou moins sucrés, ils tiennent lieu de toute eau et sont employés dans la même proportion, et qu'ils tiennent aussi lieu d'une partie plus ou moins considérable de sucre. On prépare, en Languedoc, où les cerises mûrissent parfaitement et sont très sucrées, un ratafia avec les sucs de ces fruits, et sans sucre, qui est fort agréable et assez doux.

La proportion ordinaire du sucre, dans les liqueurs qui ne contiennent aucune autre matière douce, est de trois à quatre onces pour chaque livre de matière aquéo-spiritueuse.

Dans les liqueurs très sucrées qu'on appelle communément grasses, à cause de leur consistance épaisse et onctueuse qui dépend uniquement du sucre, il y est porté jusqu'à la dose de cinq et même de six onces par livre de liqueur.

Le mélange pour la composition d'une liqueur étant fait et le sucre entièrement fondu, on la filtre au papier gris et même plusieurs fois de suite. Cette opération, non seulement sépare toutes les matières absolument indissoutes, telles que quelques ordures et particules terreuses communément mêlées au plus beau sucre etc., mais même une partie de cette huile essentielle à demi dissoute qui constitue l'état louche dont nous avons parlé plus haut ; en sorte que ce louche n'est proprement un défaut que lorsqu'il résiste au filtre, comme il le fait communément du moins en partie.

Le grand art des liqueurs consiste à trouver le point précis de concentration d'un parfum unique employé dans une liqueur et la combinaison la plus agréable de divers parfums.

Les notions majeures que nous avons exposées ne sauraient former des artistes consommés, des Solmini et des Le Lièvre.

Les liqueurs ne sont dans leur état de perfection que lorsqu'elles sont vieilles. Les différents ingrédients ne sont pas mariés, unis dans les nouvelles. Le spiritueux y perce trop, y est trop sec, trop rude. Une combinaison plus intime est l'ouvrage de cette digestion spontanée que suppose la liquidité et il est utile de la favoriser, d'augmenter le mouvement de liquidité en tenant les liqueurs (comme on en use dans les pays chauds pour les vins doux et même pour nos vins acidulés généreux, de Bordeaux, de Roussillon, de Languedoc) dans des lieux chauds, au grenier en été, dans des étuves en hiver.

Les liqueurs spiritueuses dont nous venons de parler, c'est-à-dire les esprits ardents, aqueux, sucrés et parfumés ont toutes les qualités médicinales absolues, bonnes ou mauvaises, des esprits ardents dont elles constituent une espèce distinguée seulement par le degré de concentration, c'est-à-dire de plus ou moins grande aquosité.

. . . .

Celles qui laissent un sentiment durable et importun de chaleur et de corrosion dans l'estomac, le gosier, la bouche et quelquefois même la peau et les voies urinaires, ne doivent point cet effet à leur parfum, mais à de l'huile essentielle que nous avons déjà dit en être un ingrédient désagréable et qui en est encore, comme l'on voit, un ingrédient pernicieux.

L'auteur de l'article ajoute que les bonnes liqueurs ne peuvent produire de pareils effets puisqu'elles ne doivent pas contenir d'huile essentielle.

La première fabrique de liqueurs qui ait eu quelque réputation fut établie à Montpellier ; celle de Lorraine la fit bientôt oublier ; elle avait été fondée par un sieur Solmini à qui nous devons le *parfait amour*. Bien d'autres créations,

ayant toutes l'eau-de-vie pour base, se disputaient, au milieu
du xviiie siècle, la faveur des palais délicats. En dehors de
celles que nous avons déjà mentionnées, nous pouvons citer
les suivantes :

> Eau de frangipane.
> Eau de céleri.
> Eau de fenouillette.
> Eau de citronnelle.
> Eau de mille-fleurs.
> Eau de café.
> Eau de romarin.
> Eau de citron.
> Eau de macis.
> Annicet.
> Eau-de-vie d'Andaye.

Il fallait ajouter à ces liqueurs les ratafias de pêches,
d'abricots, de raisins muscats, de poires de bergamotes,
d'écorces d'oranges, de citrons, de noyaux, etc. On les
préparait, comme les liqueurs rafraîchissantes, mais en y
remplaçant l'eau par l'eau-de-vie et en y ajoutant de la
cannelle, du macis, des clous de girofle, du poivre long et
tels autres aromates que l'on jugeait à propos.

Voici maintenant quelques liqueurs qui, par leurs noms
bizarres, méritent d'appeler notre attention.

C'est d'abord l'*Eau nuptiale,* composée d'anis, de chervi,
de carotte, de muscade et de cédrat; la *Belle de nuit* formée
de limon, de muscade et d'angélique; la *Favorite* de Flo-
rence, mélange de citron et de macis coloré avec de la co-
chenille.

Nous croyons devoir reproduire les recettes complètes
de quelques compositions qui étaient alors fort à la
mode.

Eau de pucelle.

Genièvre pilé	2 onces.
Angélique pilée	1/2 once.
Eau de fleurs d'orange.	1/2 poisson.
Sucre	1 livre 1/4.
Eau-de-vie	3 pintes et 1/2 setier.
Eau	1 chopine.

Eau du père André.

Eau de roses (faite en pilant des roses) . .	1/2 livre.
Fleurs de lys	50 têtes.
Fleurs d'oranger . . .	2 onces.
Eau	3 pintes et 1 chopine.
Sucre	1 livre 1/4.

Le mélange est chauffé au bain-marie jusqu'à ce qu'il soit transformé en sirop ; on y ajoute alors de l'eau-de-vie, de l'eau de fleurs d'oranger et on passe à la chausse.

Eau à la béquille du père Barnaba.

Prenez : Angélique	2 onces.
Cannelle	1/2 once.

Pilez-les et coupez en petits morceaux deux gros de racine d'iris. Vous mettez le tout dans l'alambic avec une chopine d'eau et trois pintes et un demi-setier d'eau-de-vie ; l'opération terminée, vous ajoutez une livre et quart de sucre et trois pintes et un demi-setier d'eau.

Pot-pourri.

Prenez des fleurs d'oranger, d'œillet, de lys, de roses musquées, des quatre épices, de la lavande, des fleurs de

romarin, du thym, de la sauge, de l'armoise, de la marjo-
laine, du basilic, du mélilot ; ajoutez-y du sel et laissez le
tout exposé au soleil pendant six semaines en remuant tous
les deux jours.

Empressons-nous de rassurer nos lecteurs ; bien que
préparé par les liquoristes, le pot-pourri n'était pas une
liqueur ; il servait à fabriquer des sachets de senteur.

L'*hypothèque* était une liqueur double amenée à la perfection.

Enfin le *néroly* était de la quintessence de fleurs d'oranger.
Pour le préparer, on prenait de la fleur fraîche cueillie
après le lever du soleil dans le beau temps ; on n'employait
que les feuilles qui composent la couronne et seulement les
fleurs les plus épaisses ; puis on les mettait dans l'alambic
et l'on chauffait au bain-marie. On obtenait ainsi de l'eau
double au-dessus de laquelle surnageait le néroly, qui,
d'abord vert, devenait rouge ensuite. Un demi-poisson de
néroly, paraît-il, faisait plus de profit qu'une pinte d'eau
de fleurs d'oranger double.

Nous n'avons point parlé jusqu'à présent du café, ni du
chocolat, ni du thé, parce que ce ne sont point des liqueurs ;
il faut cependant que nous en disions un mot, car les
distillateurs-limonadiers dont nous avons retracé l'histoire eurent, comme nous l'avons vu, à plusieurs reprises,
le privilège exclusif d'en vendre tant en gros qu'en détail
et en boisson.

C'est encore M. Franklin que nous allons prendre ici pour
guide, car il a composé précisément sur ce sujet un livre
rempli des renseignements les plus curieux[1].

L'usage du café est très ancien dans la Perse ; de ce pays,
il passa en Arabie puis en Turquie et, vers 1644, un
négociant qui avait séjourné à Constantinople l'introduisit

---

1. Le café, le thé et le chocolat.

à Marseille, mais ce fut seulement vers 1660 qu'il devint à la mode dans cette ville que Lyon ne tarda pas à imiter.

En 1643, un Levantin s'était établi, à Paris, dans une des petites boutiques du passage qui conduisait de la rue Saint-Jacques au Petit-Pont et y débita du café sous le nom de *cahove* ou *cahouet;* mais cette tentative n'eut aucun succès. Ce fut seulement en 1669 que l'usage du café se répandit à Paris, grâce à l'intendant des jardins du sérail du sultan, Soliman Aga Mustapha Raca que Mahomet IV avait envoyé à Louis XIV comme ambassadeur extraordinaire et qui offrait à ses visiteurs du café dans des tasses de porcelaine fabriquées au Japon. Son exemple fut suivi, mais seulement par les grands seigneurs, car la précieuse fève rare et recherchée valait alors quatre-vingts francs la livre. Des envois importants et réguliers de l'Egypte et du Levant firent baisser sensiblement ce prix et le café en grains commença à se vendre dans plusieurs boutiques.

Enfin, en 1672, un Arménien, nommé Pascal, ouvrit à la foire Saint-Germain une *maison de café* semblable à celles qu'il avait vues à Constantinople. Encouragé par le succès qu'il avait obtenu, il transféra son petit établissement sur le quai de l'Ecole, aujourd'hui quai du Louvre ; il y donnait une tasse de café pour deux sous six deniers ; ce n'était pas cher et cependant la vogue ne se maintint pas et il dut bientôt fermer boutique pour se retirer à Londres.

Trois ou quatre ans après, un autre Arménien, nommé Maliban, ouvrit un café rue de Bussy et y vendit aussi du tabac et des pipes. Son successeur, Grégoire, se transporta d'abord rue Mazarine, puis rue des Fossés Saint-Germain (aujourd'hui rue de l'Ancienne Comédie) pour être à proximité de la Comédie-Française ; il y vit prospérer ses affaires. D'autres cafés se fondèrent, mais c'étaient des réduits sales et obscurs où l'on fumait, où l'on prenait de la mauvaise bière et du café frelaté ; la bonne société ne les fréquentait pas.

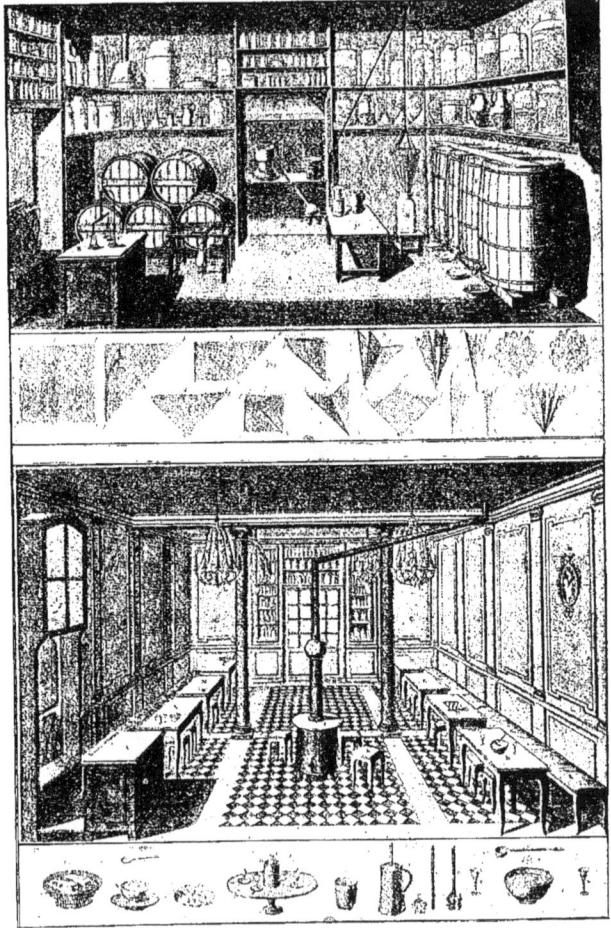

UN CAFÉ AU XVIIIᵉ SIÈCLE.

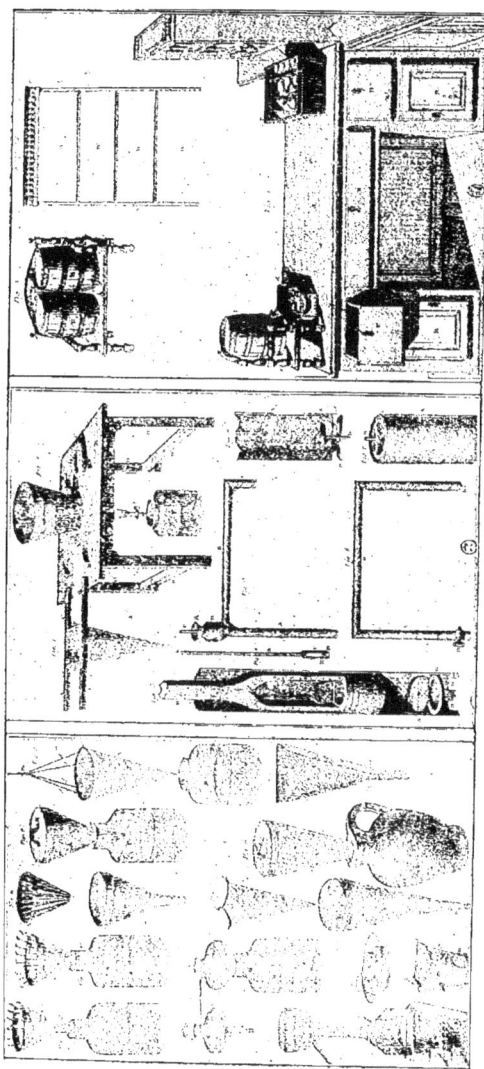

MATÉRIEL D'UN CAFÉ AU XVIIIe SIÈCLE.

DISTILLERIE

40

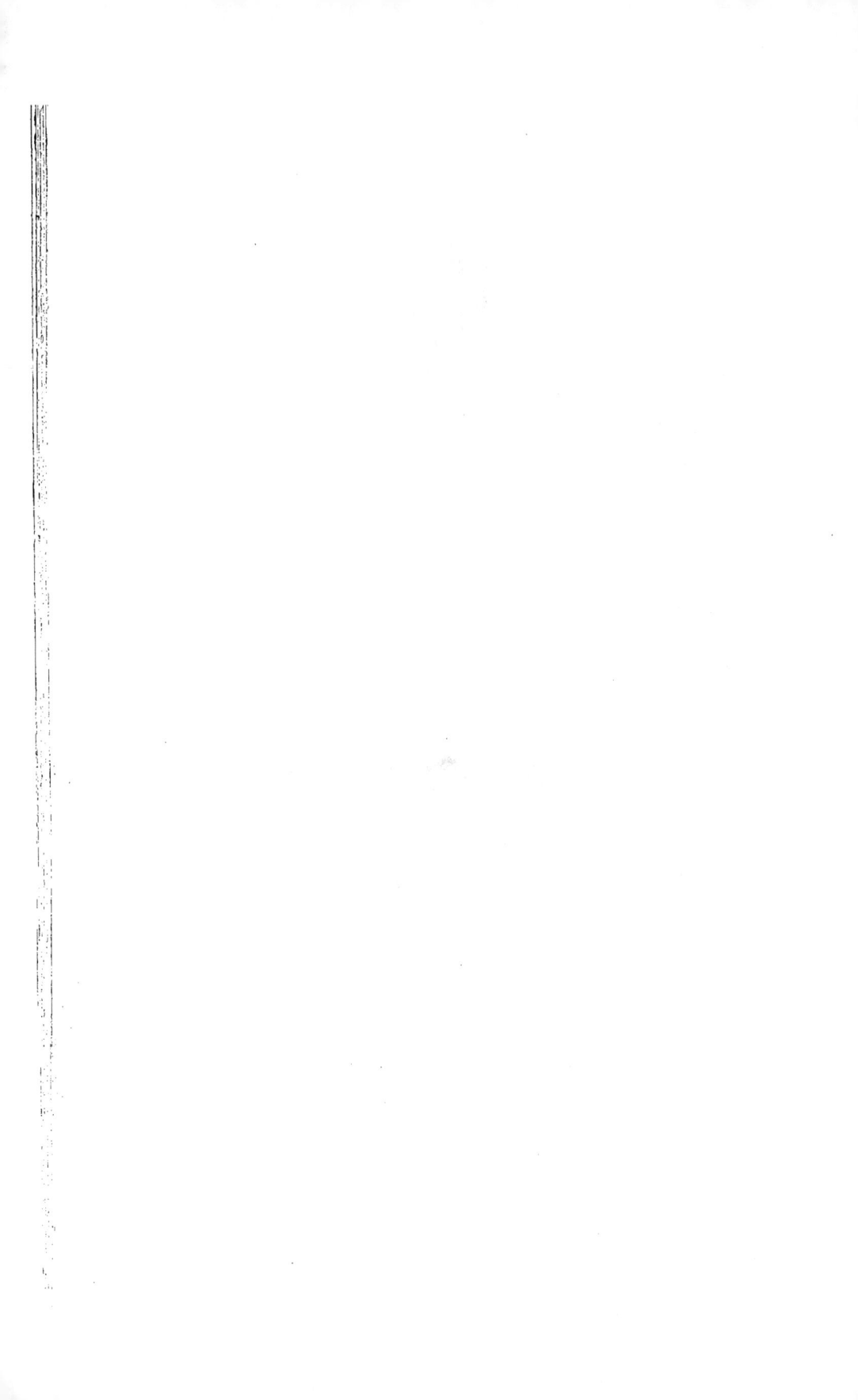

Ce fut un gentilhomme palermitain, Francesco Procopio dei Coltelli, qui eut l'honneur de réhabiliter ces établissements; il était déjà, depuis longtemps, maître distillateur à Paris, quand, en 1702, il eut l'idée d'acheter un café situé rue des Fossés Saint-Germain, en face de la Comédie-Française et de le faire décorer avec luxe. On vit, pour la première fois, dans une boutique de ce genre, des tapisseries, de grands miroirs, des lustres de cristal et des tables de marbre sur lesquelles on pouvait se faire servir non seulement d'excellent café, mais encore du thé, du chocolat, des glaces, des liqueurs, etc. Ce fut le célèbre café Procope dont le nom est si étroitement mêlé à l'histoire littéraire du xviiie siècle.

Les établissements de ce genre se multiplièrent et, en 1716, on en comptait environ trois cents.

Le thé nous vient, chacun le sait, de la Chine et du Japon; il fut importé en Europe par les Hollandais qui l'introduisirent en France vers 1640 et le faisaient payer trente francs la livre; le cardinal Mazarin en prit pour se garantir de la goutte; le chancelier Séguier était aussi épris du nouveau breuvage et, au mois de novembre 1657, accepta la dédicace d'une thèse sur les vertus du thé; il assista même à la soutenance qui ne dura pas moins de quatre heures, de huit heures du matin à midi sonné, nous dit Guy-Patin; il était accompagné du maréchal de l'Hôpital, de plusieurs présidents, maîtres des requêtes et conseillers du Parlement. Le thé obtenait donc ses grandes lettres de naturalisation; il eut d'illustres partisans, Scarron, Huët, évêque d'Avranches, Racine.

Cependant, il fut, pendant quelques années, supplanté par le café et le chocolat; puis il reprit faveur et, en 1766, la France n'en consommait pas moins de 2,100,000 livres par an.

Nous arrivons au chocolat, originaire du Mexique, introduit en Espagne, vers 1528, par Fernand Cortez; de là

il passa en Flandre et en Italie. La première personne qui
en prit en France fut, paraît-il, le frère aîné de Richelieu,
Alphonse Louis du Plessis, archevêque de Lyon, mais c'était
à titre de remède et pour modifier les vapeurs de sa rate.

Plus tard, le cardinal Mazarin et le maréchal de
Grammont firent venir d'Italie deux habiles cuisiniers qui,
entre autres talents, avaient celui de préparer le chocolat. La
femme de Louis XIV, Marie-Thérèse, adorait cette boisson
au point de ne pouvoir s'en passer et se la faisait préparer
par sa femme de chambre espagnole. En 1661, la Faculté
de médecine approuvait l'usage du chocolat.

Le chocolat devint donc à la mode ; Louis XIV en faisait
servir à ses invités les jours de réception jusqu'au mois de
novembre 1693, époque à laquelle il le supprima par
économie. Le Régent était aussi un grand amateur de
chocolat ; cette boisson était donc, à son tour, passée dans la
consommation ordinaire et elle y est restée.

Nous arrivons au XIXᵉ siècle et, en même temps, au
terme de la tâche que nous nous sommes tracée ;
il serait trop long d'énumérer en détail tous les perfectionnements qu'a réalisés durant cette période l'art du
distillateur-liquoriste.

Nous avons indiqué déjà les progrès si considérables
réalisés dans la construction des appareils distillatoires ;
ils ont permis d'obtenir des produits plus purs et plus
délicats et ont fourni, à la fabrication des liqueurs, des
alcools d'une qualité irréprochable. De leur côté, les
raffineurs produisent des sucres dans lesquels on ne
rencontre plus aucune impureté ; enfin, l'introduction des
machines dans la plupart des détails de la manutention a
permis de faire mieux, à meilleur marché et plus rapidement.
Nous constatons ces résultats sans entrer dans des détails
techniques qui ennuieraient un grand nombre de lecteurs
et qui sont bien connus des autres.

Pour compléter notre œuvre, il ne nous reste donc plus qu'à donner le tableau de toutes les liqueurs que l'on consomme aujourd'hui dans le monde avec l'indication des matières qui servent à les composer. Nous n'avons pas la prétention d'être absolument complets ; nous nous efforcerons de l'être autant que possible.

Nous avons pensé que la classification par pays serait la plus intéressante.

FRANCE.

A tout seigneur tout honneur ; la France est, à coup sûr, le pays où l'on fabrique le plus de liqueurs ; nous pouvons donc commencer par elle sans trop d'orgueil national.

NOMS DES LIQUEURS	MATIÈRES QUI LES COMPOSENT
ANISETTE	Anis, badiane, fenouil, coriandre.
CURAÇAO	Ecorces d'oranges amères.
MENTHE	Menthe poivrée.
EAU DE NOYAUX	Amandes de noyaux d'abricots.
PARFAIT AMOUR	Zestes de citron, semences de coriandre.
EAU DES SEPT-GRAINES	Aneth, angélique, anis, céleri, chervi, coriandre, fenouil.
VESPETRO	Ambrette, aneth, anis, carvi, coriandre, daucus, fenouil.
CHARTREUSE VERTE	Mélisse citronnée, hysope, menthe poivrée, génépi, balsamite, thym, angélique, arnica, bourgeons de peuplier, cannelle, macis.

NOMS DES LIQUEURS	MATIÈRES QUI LES COMPOSENT
CHARTREUSE JAUNE . . .	Mélisse citronnée, hysope fleurie, génépi, angélique, arnica, cannelle, macis, coriandre, aloès succotrin, cardamome, girofle.
LIQUEUR RASPAIL. . . .	Angélique, calamus aromaticus, myrrhe, cannelle, aloès succotrin, clous de girofle, muscade, safran.
BÉNÉDICTINE.	Mélisse, génépi, cardamome, hysope, angélique, menthe poivrée, calamus aromaticus, cannelle, muscades, girofle, arnica.
BROU DE NOIX	Brou de noix, cannelle, muscade.
CÉLERI	Céleri, daucus, cannelle.
CENT-SEPT ANS	Citron, coriandre.
CHINA-CHINA.	Amandes amères, angélique, macis.
EAU DE LA CÔTE	Cannelle, girofle, noyaux d'abricots.
EAU DES VISITANDINES. .	Cannelle, girofle, zestes de cédrat, dattes, figues, amandes amères.

NOMS DES LIQUEURS	MATIÈRES QUI LES COMPOSENT
Eau-de-vie d'Hendaye .	Anis, coriandre, amandes amères, angélique, cardamome, citron, orange, iris.
Eau d'argent, Eau d'or	Citron, orange, coriandre, daucus, fenouil.
On fait aussi l'eau d'argent avec.	Muguet, amandes amères, menthe anglaise, muscade, cannelle, anis, angélique, cubèbe, girofle.
Et l'eau d'or avec . . .	Cannelle, anis, genièvre, muscade, iris, romarin, cardamome, girofle, zestes de citron et d'orange.
Eau divine	Macis, coriandre, cardamome, zestes de citron.
Eau verte Stomachique	Coriandre, badiane, angélique, girofle, safran, baume du Pérou, macis, cannelle, carotte, bergamote, noix d'acajou, romarin, zestes d'orange et de citron.
Eau virginale	Céleri, genièvre, daucus, cannelle, girofle.
Vespetro.	Ambrette, aneth, anis, carvi, coriandre, daucus, fenouil.
Persico.	Amandes amères, aneth, cannelle de Chine, coriandre, fenouil, fleurs d'oranger.

NOMS DES LIQUEURS	MATIÈRES QUI LES COMPOSENT
Mayorque.	Oranges fraîches.
Liqueur du Mezenc . .	Daucus, muscade, macis, ambrette myrobolam, camomille romaine.
Génepi des Alpes . . .	Génepi, myrthe, fenouil, calamus aromaticus, genièvre, menthe, girofle, carvi, angélique, anis.
Larmes de Malte . . .	Curaçao, zestes d'orange.
Liqueur de Richelieu.	Amandes amères, fenouil, coriandre, balsamite, anis, angélique, hysope, marjolaine, mélisse, macis, cannelle, zestes de citrons.
Fenouillette	Fenouil, coriandre, cannelle.
Eau de la Chine . . .	Cannelle, girofle, muscade, storax calamite, badiane, laurier sauce, thé impérial.
Eau de la Côte St-André	Cannelle, girofle.
Délices de Rachel . .	Amandes amères, oranger, cannelle, aneth, coriandre, ambrette, fenouil.
Elixir de Cagliostro .	Girofle, cannelle, muscade, safran, gentiane, tormentille, aloès succotrin, myrrhe, thériaque.

NOMS DES LIQUEURS	MATIÈRES QUI LES COMPOSENT
ELIXIR DE GARUS. . . .	Aloès succotrin, myrrhe, safran, cannelle, muscade, girofle, fleurs d'oranger.
KIRSCHENWASSER. . . .	Merises.
QUETSCH	Prunes.
CRÈME DES BARBADES. .	Zestes de citron et d'orange, cannelle, macis, girofle, coriandre, amandes amères, muscade.
CRÈME DE CHOCOLAT . .	Cacao caraque, cannelle, vanille.
CRÈME DE CITRON. . . .	Citron.
CRÈME DE CÉDRAT. . . .	Cédrat.
CRÈME DE FRAMBOISE . .	Framboise.
CRÈME DES MILLE FLEURS	Héliotrope, réséda, tubéreuse, néroli, jasmin, jonquilles, roses.
CRÈME DE MOKA	Café moka, amandes amères.
CRÈME DE NOISETTE. . .	Amandes amères, roses.
CRÈME DE NOYAUX . . .	Goyave, amandes douces, amandes amères, gingembre, cannelle, girofle, muscade, piment, citron, orange, sucrecandi.
CRÈME DE THÉ	Thé, angélique.

DISTILLERIE   41

NOMS DES LIQUEURS	MATIÈRES QUI LES COMPOSENT
CRÈME D'ANGÉLIQUE . .	Angélique, coriandre, fenouil.
CRÈME D'ABSINTHE . . .	Grande et petite absinthe, menthe poivrée, anis vert, fenouil, calamus, aromaticus, zestes de citron.
CRÈME DE FLEURS D'ORANGER.	Fleurs d'oranger.
CRÈME DE NOYAUX . . .	Noyaux d'abricots, amandes amères, oranges, citrons, cannelle, girofle, muscades.
CRÈME DE PORTUGAL . .	Zestes d'orange.
CRÈME D'ŒILLETS . . .	Œillets, girofle.
CRÈME DE CACHOU . . .	Cachou.
CRÈME D'ANANAS	Ananas.
CRÈME DE VIOLETTE . .	Iris.
CRÈME DE CASSIS	Cassis, framboises.
CRÈME SAPOTILLE. . . .	Storax calamite, ambrette, santal, citron, fleurs d'oranger, eau de roses.
HUILE DE CACAO	Cacao caraque, cacao maragnon.
HUILE D'ANIS OU DE BADIANE	Anis ou badiane, bois de Rhodes, bois de Cascarille.
HUILE DE CANNELLE . .	Cannelle de la Chine, cannelle de Ceylan.

NOMS DES LIQUEURS	MATIÈRES QUI LES COMPOSENT
HUILE DE GIROFLE . . .	Girofle, cannelle.
HUILE DE RHUM	Rhum.
HUILE DE ROSES	Roses.
HUILE DE CÉDRATS . . .	Cédrats.
HUILE DES CRÉOLES . . .	Ambrette, muscade, girofle.
HUILE DE VANILLE . . .	Vanille.
HUILE DE VÉNUS	Daucus, carvi, chervi, aneta, citron, orange.
CASSIS	Cassis, vin de Roussillon.
CASSIS DE DIJON	Cassis, cerises, merises, framboises, vin de Bourgogne.
CASSIS DE GRENOBLE . .	Cassis, framboises, cerises, merises, laurier, eau de noyaux, galanga.
GUIGNOLET D'ANGERS . .	Cerises, merises.
RATAFIA DE FRAMBOISES.	Framboises, merises.
RATAFIA DES QUATRE FRUITS	Cassis, framboises, cerises, merises.
RATAFIA DE COINGS . .	Coings, girofle.
RATAFIA DE POIRES . . .	Poires.
RATAFIA DE CERISES . .	Cerises, merises, noyaux d'abricots.
RATAFIA D'ABRICOTS . .	Abricots, cannelle, vin blanc.

NOMS DES LIQUEURS	MATIÈRES QUI LES COMPOSENT
MAILLASSE	Fraises Ricard.
RATAFIA DIT CLANET. .	Anis, fenouil, aneth, coriandre, carvi, daucus.
RATAFIA DES QUATRE GRAINES.	Céleri, angélique, fenouil, coriandre.
RATAFIA DE CÉLERI . .	Céleri, coriandre.
ESENBAC OU SENBAC . .	Safran, jujubes, dattes, raisins, anis, coriandre, cannelle.
ABSINTHE	Absinthe, hysope, mélisse citronnée, angélique, anis vert, badiane, fenouil.
GENIÈVRE	Baies de genièvre, houblon.
VERMOUTH	Vin blanc, absinthe, gentiane, écorce d'oranges amères, quinquina, rhubarbe, galanga, amandes amères, cassis, etc.
AMER-PICON.	
BYRRH.	
QUINQUINAS.	
GOUDRON CLACQUESIN.	
PEPPERMINT.	
RATAFIA D'ABSINTHE . .	Absinthe, genièvre, cannelle, angélique.
RATAFIA D'ANIS	Anis, aneth, carvi, coriandre, daucus, fenouil.
ABRICOTINE	Abricots.

LIQUEURS ÉTRANGÈRES

HOLLANDE

NOMS DES LIQUEURS	MATIÈRES QUI LES COMPOSENT
BITTER	Ecorces d'oranges douces, calamus aromaticus, aloès succotrin.
CURAÇAO	Ecorces sèches d'oranges douces, zestes d'oranges fraîches.
ANISETTE	Amandes amères, anis vert, badiane, coriandre, fenouil, thé impérial, laurier sauce, baume de tolu, ambrette, muscade.
AMER	Ecorces d'oranges douces, zestes d'oranges et de citrons frais.
GENIÈVRE	Malt d'orge, farine de seigle, baies de genièvre, houblon.
SCHIEDAM.	
BONNEKAMP.	

ANGLETERRE ET ÉTATS-UNIS

AMER.	Zestes de citrons et d'oranges, calamus aromaticus, gingembre, gentiane, aunée, cannelle, girofle, muscade.
USQUEBAUGH	Safran, baies de genièvre, badiane, angélique, coriandre, cannelle ambrette, zestes de citrons.

NOMS DES LIQUEURS	MATIÈRES QUI LES COMPOSENT
ANTAKICH-ÉLIXIR	Menthe, angélique, coriandre, muscade, girofle, cannelle, mélisse, zestes de citrons.
ARMOUR IN PROOF . . .	Miel, essence bouquet, iris, ambre, ambrette, musc, vanille, bergamote.
BITTER	Cannelle, cumin, thym, sauge, galanga, girofle, muscade, zestes de citrons.
CHICAGO HONEY-DEW . .	Jasmin, tubéreuse, roses, fleurs d'oranger, cassie, iris, vanille, tolu, bergamote, Portugal, géranium, citronnelle.
DEFENSIVE ARMS	Jacinthe, fleurs d'oranger, roses, benjoin, ambre.
FLORID MEADOW	Essence bouquet, pois de senteur, ambroisie, miel.
FOUR-FRUITS RATAFIA . .	Jasmin, iris, tubéreuse, fleurs d'oranger, vanille, storax, baume de tolu.
GARDEN-VALERIAN . . .	Essence bouquet, roses, fleurs d'oranger, néroli, girofle, vanille, ambre, musc.
HAWTHORN	Violette, fleurs d'oranger, cassie, jasmin, rose, tonka, vanille, tolu, ambre musqué.

NOMS DES LIQUEURS	MATIÈRES QUI LES COMPOSENT
HONEY-FLOWERS	Jasmin, tubéreuse, vanille, iris' benjoin, musc, ambre, roses, girofle, bergamote.
HONEY-SWEET	Fleurs d'oranger, tubéreuse, roses, cassie, jasmin, essence bouquet, miel.
KISS-ME-QUICK	Héliotrope, ambroisie, roses, fleurs d'oranger, vanille, musc, amandes amères.
LOUISIANA REED'S LIQUOR	Fleurs d'oranger, cassie, roses, girofle, storax.
LOVE PERFECT	Vanille, iris, fleurs d'oranger, jasmin, tubéreuse, cassie, storax, citron, bergamote, amandes amères.
LOVER'S DELIGHT	Roses, jasmin, tubéreuse, vanille, baume du Pérou, ambre.
LUCIA'S ELIXIR	Storax, tolu, bergamote, néroli, géranium, fleurs d'oranger, tubéreuse.
MAID'S OIL	Fleurs d'oranger, tubéreuse, jasmin, baume du Pérou, storax.
MAID'S WATER.	Violette, réséda, jasmin, fleurs d'oranger, musc composé.
MEXICO BALM	Vanille, roses, tolu, ambre.

NOMS DES LIQUEURS	MATIÈRES QUI LES COMPOSENT
PEACH-FLOWERS	Fleurs d'oranger, amandes amères, citron, baume du Pérou.
PETER'S BALM	Fleurs d'oranger, tubéreuse, roses, vanille, bergamote, storax, amandes amères, néroli, ambre musqué.
REED-GRASS	Girofle, tubéreuse, fleurs d'oranger, roses, jasmin, musc, vanille, tolu, Portugal, girofle, néroli.
RIFLE CORPS, ELIXIR	Fleurs d'oranger, tubéreuse, jasmin, essence bouquet, roses, girofle, carvi, bois de Rhodes, musc, bergamote, ambre, tolu, tonka.
ROSEAU CANADIEN	Tubéreuse, roses, tolu, ambre.
ROW TOTHAM'S ELIXIR	Essence bouquet, roses, jasmin, tubéreuse.
SEVEN SEED WATER	Jonquille, fleurs d'oranger, réséda, ambre.
SPIKENAID	Miel, essence bouquet, fleurs d'oranger, ambroisie, vanille, lavande musquée, roses, poivre, cannelle.
STOMACHIC-LIQUOR	Vanille, baume du Pérou, roses, jasmin, tubéreuse, fleurs d'oranger, ambre musqué.

NOMS DES LIQUEURS	MATIÈRES QUI LES COMPOSENT
TAZETTA	Essence bouquet, miel, fleurs d'oranger, jasmin, héliotrope, iris, girofle, Portugal, styrax, storax, tolu.
THOUSAND FLOWERS	Essence bouquet, roses, fleurs d'oranger, girofle, néroli, ambre.
UPPER-TEN	Jasmin, roses, jonquille, violette, tubéreuse, réséda, fleurs d'oranger, cassie, bergamote, girofle, thym, ambre musqué, benjoin vanillé.
UNITES-STATES VIOLET.	Violettes, cassie, jasmin, roses, iris, néroli, géranium, musc.
VIRGINA'S LIQUOR	Réséda, roses, ambre, tolu.

ALLEMAGNE

EAU-DE-VIE DE DANTZIG.	Cannelle, girofle, céleri, carvi, anis vert, cumin.
EAU ALLEMANDE DE BRES-LAU	Angélique, aneth, carvi, cumin, calamus aromaticus, camomille romaine, muscade, iris.
CRÈME DE CUMIN DE MU-NICH	Cumin, anis vert, angélique, iris.
BITTER	Anis, écorce d'oranges, calamus aromaticus, baies de genièvre, sauge, grande absinthe, angélique, menthe poivrée, lavande, girofle.

NOMS DES LIQUEURS	MATIÈRES QUI LES COMPOSENT
BITTER FIN	Zestes d'oranges douces et amères, cannelle, cassic.
BITTER D'ANGÉLIQUE . .	Zestes de citrons, angélique, laurier sauce, cannelle, iris, macis.
CITRONNELLE	Zestes d'oranges et de citrons frais, girofle, macis.
EAU CARMINATIVE . . .	Anis vert, badiane, coriandre, fenouil, cumin, daucus, fleurs d'oranger.
EAU DE FEUCHTMAIER. .	Genièvre, camomille, calamus aromaticus, cardamome, anis, origan, cumin, cerises noires.
EAU DE MANNHEIM. . .	Citron, fenouil, anis, girofle.
BRODWASSER - LIQUEUR (EAU DE PAIN)	Croûte de pain de seigle noir, écorces sèches de citrons, girofle, cannelle, macis, coriandre, anis.
HIMBEER-LIQUEUR . . .	Framboises, citrons, amandes amères.
INGWER - CRÈME	Gingembre.
KALMUS-LIQUEUR	Calamus aromaticus, angélique, anis, badiane.
KRAMBAMBULI	Camomille romaine, anis vert, sauge, marjolaine, cannelle, calamus aromaticus, gentiane, galanga, lavande, cardamome, écorces d'oranges.

NOMS DES LIQUEURS	MATIÈRES QUI LES COMPOSENT
KRAUSEMUM-LIQUEUR . .	Menthe crépue, sauge, cannelle, grande absinthe, gingembre, mélisse, macis.
KUMMEL DE BRESLAU . .	Cumin, fenouille, cannelle.
KUMMEL DE DANTZIG . .	Cumin, coriandre, écorces d'oranges.
MACARONEN-CRÈME. . .	Amandes amères, cardamome, girofle, cannelle.
MÉLISSE (CRÈME DE) . .	Mélisse, citron, cannelle, coriandre.
MUSCAT-CRÈME	Muscade.
NELKEN-LIQUEUR . . .	Girofle, cassia lignea, cannelle, iris, cardamome, macis.
PFEFFERMUNZ-LIQUEUR .	Menthe poivrée, mélisse, cannelle, sauge, iris, gingembre, anis, badiane,
POMERANZEN-LIQUEUR. .	Ecorces d'oranges et de citrons, cannelle, piment.
ROMARIN (CRÈME DE) . .	Romarin, lavande, cannelle.
PERSICOT	Amandes amères, zestes de citrons, cannelle, muscade, girofle.
PERSICOT DU PALATINAT .	Amandes de pêches, amandes amères, cannelle, girofle, fleurs d'oranger.
VANILLE (CRÈME DE). . .	Vanille, roses.

NOMS DES LIQUEURS	MATIÈRES QUI LES COMPOSENT
VERMOUTH DE BRESLAU .	Grande absinthe, chardon bénit, girofle.
WACHHOLDER-LIQUEUR .	Baies de genièvre, coriandre, iris.

AUTRICHE-HONGRIE

ALLASCH DE VIENNE.

ALLASCH DE TROPPAU.

BITTER DE HONGRIE.

ITALIE

ALKERMÈS DE FLORENCE.	Ambrette, calamus aromaticus, cannelle, girofle, macis, jasmin, iris, roses.
AQUA BIANCA.	Citron, ambre, menthe, mélisse, vanille.
AQUA BIANCA DE TURIN. .	Bergamote, citron, cédrat, ambre, menthe poivrée, roses, fleurs d'oranger.
CEDRATO DI PALERMO . .	Zestes de citrons frais, cannelle, girofle, macis, ambrette.
CRÈME	de mandarine.
LIQUEUR.	de pêche.
MARASQUIN DE AZRA . .	Merises, framboises, feuilles de merisier, noyaux de pêche, iris, fleurs d'oranger, roses.

NOMS DES LIQUEURS	MATIÈRES QUI LES COMPOSENT
MYROBOLANTI	Myrobolam (fruits), storax cala-mite, laurier-sauce, santal ci-trin, roses, cannelle.
OLIO DE CREMONA	Zestes de limons frais et d'o-ranges fraîches, storax cala-mite, roses.
OLIO DE MACCHERONI	Amandes amères, fleurs d'oran-ger, roses, cannelle, mus-cade.
ROSOLIO DI MENTA DI PI-SA	Menthe poivrée.
ROSOLIO DI TORINO	Zestes de citrons frais, cannelle, cubèbe, girofle, badiane, aco-rus, cardamome, angélique.
RUBINO DI VENEZIA	Amandes amères, badiane, fe-nouil, storax calamite, angé-lique, vanille, cannelle, gi-rofle, muscade.
VANIGLI DI NAPOLI	Vanille, cannelle, girofle, mus-cade.

GUADELOUPE

LIQUEURS	de Guava-béry. de Monbin. de Barbadine.
VIN	d'Orange.
SIROP	au Jus d'acajou.

NOMS DES LIQUEURS	MATIÈRES QUI LES COMPOSENT

CRÈMES. . . . . $\left\{\begin{array}{l}\text{d'Acacia.}\\ \text{de Magnolia.}\\ \text{de Sapotte.}\end{array}\right.$

GUYANE

AMER. . . . . Herbes diverses.

PAREIRA BRAVA. . . . . Sorte d'absinthe.

MARTINIQUE

LIQUEURS . . . . $\left\{\begin{array}{l}\text{d'Ananas.}\\ \text{de Café.}\\ \text{de Myrobolam.}\\ \text{de Schrubb.}\end{array}\right.$

VINS . . . . $\left\{\begin{array}{l}\text{d'Ananas,}\\ \text{d'Orange.}\end{array}\right.$

CRÈMES . . . . $\left\{\begin{array}{l}\text{de Cacao.}\\ \text{de Thé.}\\ \text{de Sapotte.}\end{array}\right.$

LA RÉUNION

LIQUEURS . . . . $\left\{\begin{array}{l}\text{de Combava (sorte de citron).}\\ \text{de Vangassaye (orange des bois).}\\ \text{de Bibasse.}\\ \text{de Cacao.}\\ \text{de Vanille.}\end{array}\right.$

TUNISIE

VIN D' . . . . Orange.

VIN AMER.

NOMS DES LIQUEURS	MATIÈRES QUI LES COMPOSENT
ANISADO	Anis.
MASTIC. .	

RUSSIE

LIQUEURS	de Groseilles. de Noix. de Myrtilles.
KUMMEL	Cumin.
CRÈMES	de Thé. de Groseilles. de Framboises. de Cerises. d'Oranges amères. de Mamousa (alcool de seigle). de Sorbier.

NORVÈGE ET SUÈDE

PUNCH A L'	Arack.
SIROP DE	Myrtilles.

ESPAGNE

EAU-DE-VIE ANISÉE. . .	Anis.
ABSINTHE SUCRÉE . . .	Absinthe.
CRÈME DE.	Vanille.

MEXIQUE

LIQUEURS . . . .
de Cacao.
de Café.
de Capoulingue (espèce de guigne).
de Goyave.
de Tamarin.
d'Ananas.
d'Oranges.
de Maïs.

VINS . . . .
de Coing.
de Pommes.
de Mûres.
d'Oranges.

TÉPACHÉ . . . . Ecorce d'ananas fermentée.

TUBA . . . . Suc de palmier fermenté.

POZOLÉ . . . .
Farine de maïs grillé fermentée
avec de la cassonnade délayée
dans l'eau.

BRÉSIL

LIQUEURS . . . .
de Pommes.
de Cédrat.
de Tamarin.
d'Abacaxi (petit ananas).
de Jaboticabas(sorte de guigne).
d'Oranges.
de Coing.
de Persina (sorte de pêche).
de Cacao.

NOMS DES LIQUEURS	MATIÈRES QUI LES COMPOSENT

DANEMARK

LIQUEUR DE. . . . . . Cacao.

CHERRY-BRANDY . . . . Merises.

RÉPUBLIQUE DE SAINT-MARIN

LIQUEUR DE. . . . . . Jus de cerises fermenté.

GRÈCE

MASTIC.

ROUMANIE

MASTIC.

RÉPUBLIQUE SUD-AFRICAINE

LIQUEURS . . . . $\begin{cases} \text{de Girofle.} \\ \text{d'Oranges.} \end{cases}$

RÉPUBLIQUE ARGENTINE

AMER. . . . . Diverses herbes.

PARAGUAY

LIQUEURS . . . . $\begin{cases} \text{de Myrtine.} \\ \text{d'Ananas sauvage.} \\ \text{de Capicati (petite racine).} \\ \text{de Guavirami.} \end{cases}$

VENEZUELA

ANISADOS . . . . Anis.

FIN.

TABLE DES FIGURES

TABLE DES MATIÈRES

I

HISTOIRE
DE LA COMMUNAUTÉ DES DISTILLATEURS

II

HISTOIRE DES LIQUEURS

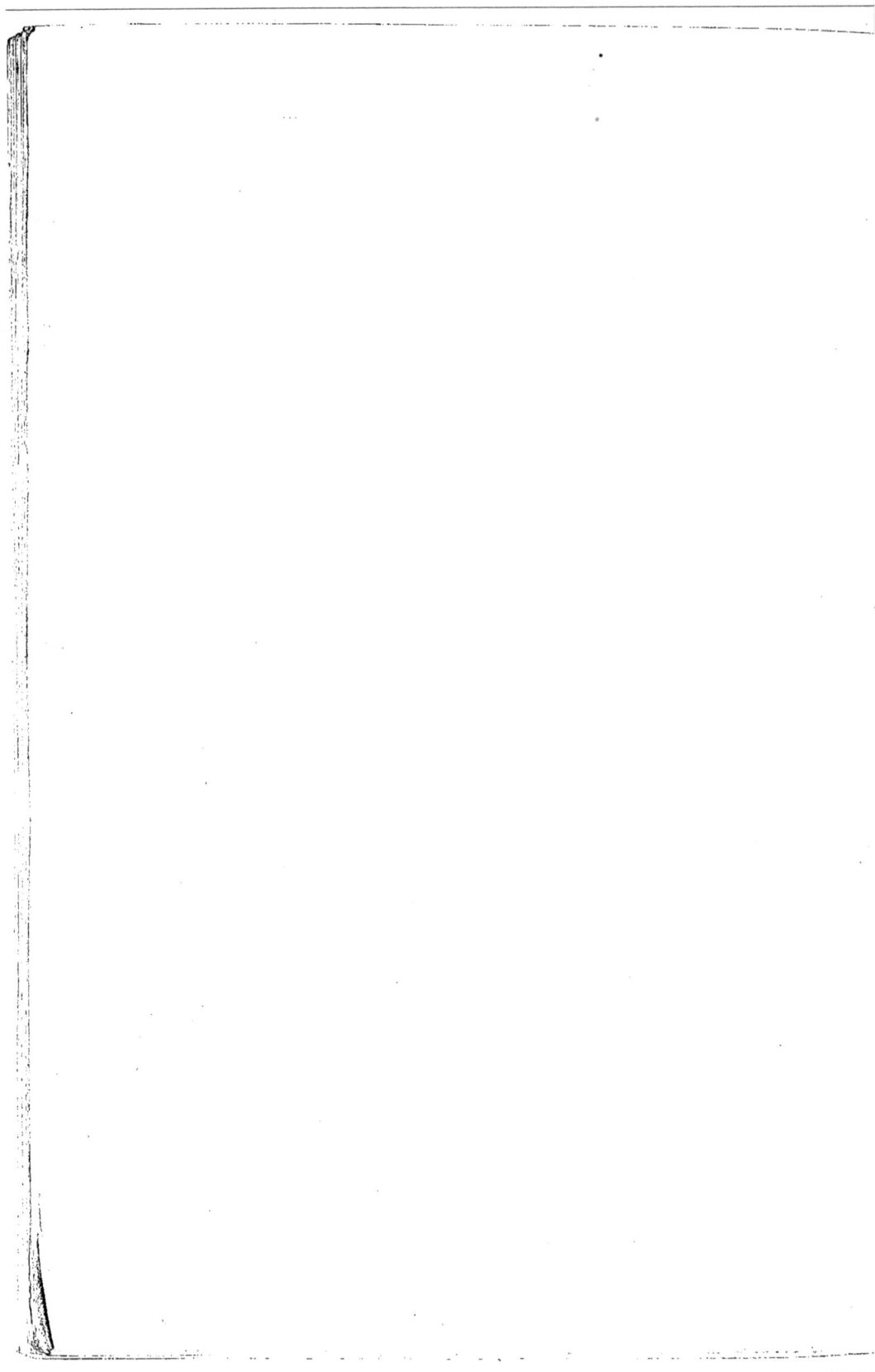

*Achevé d'imprimer
le 18 Janvier 1900
par
les Imprimeries Cerf
12, rue Sainte-Anne
Paris*

www.ingramcontent.com/pod-product-compliance
Lightning Source LLC
Chambersburg PA
CBHW060141200326
41518CB00008B/1105